大国重器背后的科学与幻想

付昌义 著

江蘇鳳凰教育出版社 凤凰报刊出版传媒

2023 年 · 南京

本书深入浅出地剖析了诸多重要科技发明与想象力的联系，让读者认识到科幻不仅仅是一种文学表达，更是一种推动科技进步、激发创新思维的强大动力。青少年在成长的关键时期，阅读本书不仅能拓宽视野，还能激发科技热情，更好地迎接未来的挑战和机遇。

——陈楸帆（科幻作家，中国作家协会科幻文学委员会副主任）

科技与科幻犹如一对表兄弟，其复杂的螺旋上升或者交替前进的关系，在本书中得到了最直观的梳理与展现，并对两者今后的发展，有着不可估量的指导意义。

——萧星寒（科幻作家，代表作“碳铁之战”四部曲）

付昌义老师在这本书中梳理了航天、海洋、能源、生命科学、人工智能等多个方面的科学发展历程及中外科幻史中的相关想象，用翔实的例证和深入浅出的语言道明科幻与科学如何互相影响、互相启发，记录了中国科幻与科技的携手并进。

——王侃瑜（科幻作家，全球华语科幻星云奖金奖获得者）

科幻是启迪青少年的重要载体

吴　岩

我第一次认识付昌义老师是在2012年北京师范大学组织的STEM教育国际会议上，那次会议我组织了一个科幻教育的论坛，美国威斯康星大学克莱尔分校鲍德珍教授、人大附中的宓奇老师等科幻教育工作者都参与其中。后来，付昌义老师与鲍德珍教授2014年又参加了一次我在加拿大英属哥伦比亚大学的STEM教育国际会议上组织的科幻教育论坛。2014年在温哥华，我们不仅与众多学者交流了我们的科幻教育理念，还参观了温哥华岛、温哥华科技馆、温哥华海洋馆等地，与居住在温哥华的电影学者夏彤老师（笔名西夏）做了深入交流。

这些年来，付昌义老师一直潜心科幻教学工作，自2005年就在南京工业大学开设科幻课程，至今都没有中断。我曾经说过，他开设了国内延续时间最长的一门科幻课程。付昌义老师这么多年以来从事科幻课程教学和科幻活动实践也有了很多体会和感悟，他将这些体会和感悟整理成了我们今天看到的这本书。

拿到这本书时，我的感觉是这既是一本科普图书，也是一本讲述科幻与科学关系的科幻史普及读物。书中，他提出科幻与科学的关系分为三个部分：一是科幻启迪我们对科学的追求；二是科幻对科学的预见性；三是科幻与未来科学。这种提法既是我们过去对科幻与科学经验的总结，也是对未来科幻与科学交融的期盼，非常值得推广。而且，书中他结合我国航天事业发展的历史与科幻的联系，谈了科幻对未来青少年参与我国航天事业的推动作用，这也是非常有启发的。特别要指出的是，他结合今年教育部等十八部门出台的《关于加强新时代中小学科学教育工作的意见》提出了发挥科幻在科学教育加法的作用，这对广大中小学从事科幻与科学教育的老师而言也是非常有借鉴意义的。

我在2019年就曾经编撰过一套《科学幻想——青少年想象力与科学创新培养教程》丛书，以初、中、高阶来划分中小学生的科幻课程，用科幻作品作为主要载体建立学生与想象力、科学思维、审辨式思维的联系，让学生在阅读、思考、激辩和创新的同时，主动寻找和学会使用新的认知、思维或情感工具，围绕想象力发挥、科学思维建立、哲学与审辩式思维发展等三个层面，帮助学生理解时代变革、锻炼思维方式，从而更好地应对未来的挑战。今天，再看到付昌义老师的这本书，我发现付昌义老师也是这方面的积极实践者，他将我当时针对中小学生科幻教育提出的一些理念付诸实践，并将自己的体会写了出来。非常感谢付昌义老师的实践，让我们的理念可以得到推广。

最后祝愿付昌义老师的科幻教学之路越走越好，越走越强，也希望有更多的大中小学老师像付昌义老师一样，可以长期从事科幻教学，影响更多的学生和青少年。

（吴岩：中国科普作家协会副理事长，南方科技大学教授，南方科技大学科学与人类想象力研究中心主任）

目 录

下　编

大国重器背后的科学与幻想

科幻与科学

科幻是科学发展到一定阶段的产物，没有科学也就没有科幻。科幻是基于科学基础之上的，如果将幻想置于魔法或者神秘的咒语中，那就不是科幻了。也正因为科幻与科学联系紧密，所以科幻产生之后也对科学产生了很多影响。

科幻对科学的预见性

科幻最大的用处是对科学的预见性。科幻小说确实预见了很多科学发明，比如机器人和手机。最早有关机器人的科幻是卡雷尔・恰佩克创作的剧本《罗素姆万能机器人》。手机的发明也与科幻有关。手机的发明者马丁·库珀曾说过，《星际迷航》中舰长柯克的黄金翻转通信机是其发明的首款手机的灵感源泉。《星际迷航》还与很多发明有关，如自动门、平板电脑，等等。

不过，科幻在很多时候并不能直接预见某种科学发明，但它会预见科学的发展。有人说凡尔纳的《海底两万里》预言了潜水艇的发明，但早在《海底两万里》之前，早期的潜水艇就出现了。不过，能在海底航行两万里而不用浮出水面的“鹦鹉螺号”是数十年之后，由美国发明的世界上第一艘核潜艇。科幻很好地表现了科学技术的发展，我们现在所使用的互联网最早源于美军的阿帕网，而《神经漫游者》《真名实姓》等科幻小说早在20世纪80年代就探讨了网络犯罪问题，这也是目前人们上网时十分担忧的问题。

科幻启迪我们对科学的追求

科幻还启迪我们对科学的追求。著名天文学家卡尔·萨根在《布罗卡的脑》中说过：“很多深度参与探索太阳系的科学家最初都是在科幻小说的带领下走向科学道路的。”特斯拉CEO埃隆·马斯克2018年用自己研制的火箭将一辆电动汽车发射到了太空，车里有一本科幻小说《银河系漫游指南》，音箱里还无限循环播放着科幻音乐《Space Oddity》，因为他觉得科幻给了他无尽的创意。中国也有这样的例子，如中国地质大学副教授邢立达在看了科幻电影《侏罗纪公园》后立志从事恐龙考古研究，并在这一领域取得了重要成果——发现了全球首例琥珀中的恐龙羽毛。

20世纪六七十年代，美国的一系列登月计划与《2001太空漫游》等科幻作品共同开启了人类探索太空的脚步。同样，刘慈欣的《三体》也别具特色，其中蕴含的科学知识被李淼教授整合，创作出了一部《〈三体〉中的物理学》。而在科学知识之外，小说对人性、人在宇宙中的意义也进行了充分的思考。2019 年春节，根据刘慈欣同名小说改编的科幻电影《流浪地球》正式上映，很多人通过看这部电影很快了解了太阳氦闪、引力弹弓、洛希极限、核聚变等科学知识。这也是科幻的魅力所在——让不喜欢枯燥科学知识的普通人也能轻松弄懂科学原理。

未来的科幻与科学

20 世纪初，鲁迅曾在《月界旅行》的序言中写道："导中国人群以行进，必自科学小说始。"他们那代人试图利用科学小说唤醒民众的心智，让赛先生成为全国民众的追求。但是很不幸，积弱积贫的旧中国没有科学和科幻的土壤，科幻并没有在那个时代火起来。进入新世纪以后，中国的嫦娥、蛟龙、天眼等巨大工程让我们看到了科学在进步；移动支付、共享单车、高速铁路等加持下的便利的生活让我们发现生活变得比科幻小说更科幻。很多科幻中的科学也在现实中一一实现了，如《流浪地球》中的动力机械外骨骼就是现在机械专业研究的一个重点方向，虽然目前的技术还达不到电影中展示的那样，但不久的将来一定可以实现。建筑工程等专业对科幻的思考也非常多，很多建筑师都尝试将科幻中的技术融入未来的建筑中，甚至，NASA 还组织了火星建筑大赛。我们在《流浪地球》这样的科幻作品中见证了中国科技的发展和进步，同样我们也期待中国科幻与中国科技同成长、共进步！

上编

第一章
载人航天工程与科幻

“这是祖国历史上辉煌的一页，也是我生命中最伟大的一天。”

——迈出舱门的杨利伟面对欢呼的迎接人群时说的第一句话。

中国空间站于2022年年底完成建造，中国航天员常驻太空。这也标志着2024年国际空间站退役后，地球的空间轨道上将只有中国的空间站持续运行。这是中国载人航天的一大步，也代表着我国的航天步伐走出了重要一步。

始于万户的太空探索

中国载人航天的历史或许是从万户开始的。据说，万户是一个明代的官员，本名陶成道，他为了飞向天空，把火箭绑在了椅子上。这个故事后来被美国火箭专家赫伯特·S·吉姆写进了《火箭与喷气发动机》一书。可惜的是，中国的历史古籍中一直没能查到有关万户的记载。为了推测万户飞天的可能细节，中国航天科普作家李龙臣先生曾与人合作，根据明朝初年的社会政治和火箭技术状况，撰写了一个曲折动人的《万户飞天》的科学故事，并发表在《航天》杂志1986年第三期上，很受读者欢迎。

尽管万户失败了，但人类追求飞向太空的脚步却一直没有停歇。

1857年，俄罗斯科学家齐奥尔科夫斯基诞生，他是现代火箭理论的奠基人，被称为航天之父。他撰写了超过400部作品，包括大约90篇关于太空旅行和相关科目的出版物。

他的作品涉及火箭的设计、转向推进器、多级增压器、空间站、用于将太空船引入空间真空的气闸，以及为空间殖民地提供食物和氧气的闭合循环生物系统。

1883年，齐奥尔科夫斯基在一篇名为《自由空间》的论文中，正式提出利用反作用装置作为太空旅行工具的推进动力。他对这种火箭动力的定性解释是：火箭运动的理论基础是牛顿第三定律和能量守恒定律。这些思想在他1893年发表的科幻小说《月球上》和1895年写的《地月现象和万有引力效应》中得到了进一步论证。1896年，他开始从理论上研究星际航行的有关问题，进一步明确了只有火箭才能达到这个目的。1897年，他推导出著名的火箭运动方程式。

出版于1903年的齐奥尔科夫斯基的航天器设计的外观，是现代宇宙飞船设计的基础。航天器有一个船体，分3个重要部分。飞行员和副驾驶在第一部分，第二部分和第三部分装备了燃料航天器所需的液氧和液氢。在这些设计的基础上，齐奥尔科夫斯基于1903年完成了航天学经典性的研究论文《利用喷气工具研究宇宙空间》，接着，他又于1910年、1911年、1912年和1914年在《科学报告》上发表了多篇关于火箭理论和太空飞行的论文。这些出色的著作系统建立起了航天学的理论基础。

在对火箭运动理论进行了一番研究之后，齐奥尔科夫斯基又对星际航行问题进行了研究和展望。在 1911 年发表的论文中，他详细地描述了载人宇宙飞船从发射到进入轨道的全过程，内容涉及飞船起飞时的壮观景象，超重和失重对航天员的影响，失重状态下物体的奇异表现，不同高度看到的地球的迷人景观、天空的景色等。人们读起他的著作来，犹如搭乘宇宙飞船飞上太空。

1935 年 9 月 19 日，齐奥尔科夫斯基逝世于卡卢加，享年 78 岁。今天，在航天界仍然流行着一句名言，这是齐奥尔科夫斯基在给《航空评论》杂志的信中写下的：地球是人类的摇篮，但人类不可能永远被束缚在摇篮里。

载人航天的历程

1961 年 4 月，苏联宇航员加加林乘坐东方一号飞船，成为第一个飞向太空并环绕地球飞行的人类。1969 年 7 月，在冯·布劳恩的主持下，美国成功完成阿波罗登月计划，将阿姆斯特朗和奥尔德林送上了月球。阿姆斯特朗踏上月球后说出了那句著名的话："这是个人迈出的一小步，但却是人类迈出的一大步。"

1970 年 4 月 24 日，中国正式将第一颗人造卫星东方红一号发射升空。自此，地球轨道上传来了《东方红》的歌曲声。而这一天也被载入史册,2016 年,中国将这一天定为“中国航天日”。随后，中国在 1971 年开始了载人飞船曙光一号的研制，但可惜的是，由于各方面原因，曙光号项目于 1972 年下马。直到 1992 年，中国再次启动载人航天工程。

1986 年 2 月，苏联成功发射了和平号空间站的核心舱，从此开启了新型空间站的建设。在和平号空间站运行的 15 年间，共有 31 艘载人飞船、62 艘货运飞船与其对接，28 个长期考察组和 16 个短期考察组先后访问过和平号空间站，共进行了 16500 次科学试验,完成了 23 项国际科学考察计划。2001 年 3 月 23 日,和平号空间站坠落于南太平洋预定海域，成为目前人类历史上飞行时间最长的空间站。

早在和平号空间站坠落之前，国际空间站项目就已经开始启动。1993 年，国际空间站由美国、俄罗斯、11 个欧洲航天局成员国（法国、德国、意大利、英国、比利时、丹麦、荷兰、挪威、西班牙、瑞典、瑞士）、日本、加拿大和巴西共 16 个国家联合建造，至 2010 年基本建成。按照计划，该空间站最初的服役期限截至 2015 年，之后，被延长两次，分别至 2020 年和 2024 年。2020 年 8 月，国际空间站发生轻微漏气事件，科学家预测，2025 年以后其他部件也会雪崩般地失灵。可以肯定的是，2025 年之后，国际空间站大概率不会再接受航天员入站实验。

“天宫”筑梦太空

国际空间站初始建设阶段，中国就开始申请参加这个项目了。但由于美国的阻挠，中国一直被挡在国际空间站合作项目之外，于是，中国只好自力更生，自主研发空间站。

1992 年 9 月 21 日，中共中央政治局召开常委扩大会议，批准我国载人航天工程按“三步走”发展战略实施：

第一步，发射载人飞船，建成初步配套的试验性载人飞船工程，开展空间应用实验；第二步，突破航天员出舱活动技术、空间飞行器的交会对接技术，发射空间实验室，解决有一定规模的、短期有人照料的空间应用问题；第三步，建造空间站，解决有较大规模的、长期有人照料的空间应用问题。

早在 1999 年，我国就开始逐步发射一系列的神舟飞船。从最早发射无人飞船，发展到搭载模拟人，最终，2003 年神舟五号首次实现载人飞行。

2011 年，天宫一号发射升空，随后神舟八号与天宫一号顺利对接，成功验证了交会对接技术。之后，神舟九号飞船实现了首次载人交会对接，航天员进入天宫一号工作。2017 年，我国首艘货运飞船天舟一号成功发射，并与 2016 年发射的天宫二号对接，天舟一号具有超强的载荷能力，其直径为

3.35 米，全长 10.6 米，运载能力达到了 6 吨。

随着前期任务的顺利实施，多项关键技术最终实现了突破，神话传说里的天宫也成为现实。

中国空间站被命名为“天宫”，它由 1 个核心舱和 2 个实验舱，组成“T”字形结构，可以靠泊 1 艘货运飞船和 2 艘载人飞船，以上几个部件的总质量约 100 吨。空间站中最关键的组件是核心舱，它被命名为“天和”。核心舱全长 16.6 米，最大直径 4.2 米，发射质量为 22.5 吨，是我国研制的最大航天器，也是 21 世纪以来全球范围内发射的最大、最重的航天器，甚至超过了国际空间站任意一个密闭舱段。核心舱可分为资源舱、生活控制舱和节点舱。资源舱能为空间站提供电力、燃料等必需资源。生活控制舱又分大柱段、小柱段，是航天员生活和工作的主要场所。节点舱是空间站的对接枢纽，用来连接各个舱段及飞船。

从位置上看,核心舱位于空间站“T”字形架构的主干上，实验舱、载人飞船和货运飞船都将与它连接。如果将来空间站要扩建，可以把两个核心舱相连，形成一条主轴，这种桁架式的结构也是未来空间站的发展趋势。从功能上讲，核心舱是整个空间站的大脑，是当仁不让的“核心”。它集成了控制系统、计算机系统、通信系统、消防系统、空气处理系统、厨房、卫生间、睡眠区等。用 3 个关键词对核心舱的功能进行概况分别是管理、控制和生活。

我国的“天宫号”空间站，在2022年年底迎来收官。2020年和2021年，我国已经连续密集实施了11次飞行任务，包括3次空间站舱段发射，4次货运飞船以及4次载人飞船发射。从海南文昌航天发射基地由长五乙依次发射“天和号”核心舱、“问天号”实验舱及“梦天号”实验舱等三段空间舱，于2022年年底在太空组合成“天宫空间站”的“T”字形基本型，并与多艘“天舟号”货运飞船和“神舟号”载人飞船对接，从而完成航天员长驻任务，最终天宫梦圆。

载人航天科幻的发轫

俄罗斯科学家齐奥尔科夫斯基为了介绍他的航天理论，开始创作科幻小说，他在1893年发表了科幻小说《月球上》。在早期关于载人航天的论文里，他详细地描述了载人宇宙飞船从发射到进入轨道的全过程。人们读起他的著作来有搭乘宇宙飞船飞上太空的感觉，这其实也是对载人航天的超前想象。

德国火箭天才冯·布劳恩既是一位伟大的航天科学家，又是一位科幻迷兼科幻作家。他曾经这样评价过《在两颗行星上》这部科幻小说：“我年轻时满怀好奇和兴奋，如饥似渴地读完了这本小说……从这本书中，读者可以略窥 19 世纪末期人们思想的丰富性，而 20 世纪的科技进步正是以此为基础的。”二战期间，他为了看美国科幻杂志，通过外交渠道将科幻杂志《惊奇故事》带去了德国。不仅如此，他还在 1949 年参加了世界科幻大会，并起草了一份白皮书《核脉冲推进系统及其潜在价值》，并递交给美国国家宇航局，热情推广核动力推进火箭。同时，他也将核动力火箭的构想写入火星探险科幻小说，并担任许多科幻电影的科学顾问，如《征服太空》。

中国早期的载人航天科幻小说是从引进外国作品开始的。早在 1903 年，鲁迅翻译了凡尔纳的小说《月界旅行》并引进到中国。次年，中国载人航天科幻小说的处女作《月球殖民地小说》在《绣像小说》上连载。小说的作者荒江钓叟让故事的主人公乘气球飞向月球并展开了一段惊心动魄的历险。由于小说缺少结尾且采用了章回体，因此对当今读者造成了一些阅读麻烦，但其中昌明科学的想法和对科学世界观的宣示，使它成为一部名副其实的优秀科幻作品。有趣的是，这部小说在很长一段时间都被认为是中国第一部科幻小说。仅以这一点就可以看出载人航天题材在中国科幻小说中的重要地位。

从《月球殖民地小说》发表之后到新中国建立前夕，在中国科幻文坛上还涌现了大量优秀的航天题材作品，如东海觉我撰写的《新法螺先生谭》(1905)、包笑天撰写的《空中战争未来记》(1908)等。值得一提的是，著名作家老舍先生的小说《猫城记》(1932)描述了地球主人公在火星上的种种见闻，这是一部利用航天题材对中国当代社会形态进行辛辣讽刺的重要的文学作品。

百年中国科幻史中的载人航天科幻

新中国的成立使中国的载人航天科幻创作进入了全新阶段。1954 年，郑文光撰写了一篇科幻小说《从地球到火星》。这部以浪漫的笔调描述几个孩子飞向火星的历险故事虽然简单，在当时也引起了轰动，人们竞相拥入天文馆去观测火星。作为北京天文台的副研究员，郑文光对航天题材情有独钟。在随后 30 年里，他创作了一系列被视为经典的载人航天科幻作品：短篇小说《第二个月亮》(1955)描写了载人空间站上各种惊人的科技成就，长篇小说《飞向人马座》(1978)被称为中国内地发表的第一部长篇科幻小说。《飞向人马座》的故事仍然围绕载人航天：三个错登东方号飞船的年轻人被错误地发射上天，并险些坠入宇宙边缘的黑洞。几经周折之后，他们终于找到了战胜引力的方法安全返回地球。中篇小说《太平洋人》（1978）讲述的是将一颗小行星从太空中俘获并发现其中隐藏的原始人的故事。小说对太空行走、星体移动的过程进行了细致入微的描述。郑文光的两部火星题材作品也大受读者的欢迎。《火星建设者》（1957）以明快的笔调描写人类改造火星的历程，该文曾经获“莫斯科国际青年联欢节”大奖。而《战神的后裔》则用写实的方法呈现出火星改造的艰辛与困境。除郑文光之外，童恩正、肖建亨、叶永烈、刘兴诗、王晓达、郝应其等都曾经创作过优秀的载人航天科幻文学作品。

20 世纪 90 年代以后，随着中国航天技术的发展，载人航天科幻小说也进入了全新的天地。韩松的《宇宙墓碑》（1991）描写人类在茫茫星海中寻求人生意义时所能领略的苦涩与艰难；王晋康的《拉格朗日坟场》（1997）揭示了未来太空中仍然存在各方的势力角逐；刘慈欣的《中国太阳》（2002）展现了航天技术对开发西部过程的有效参与；星河的《路过》（2001）通过描述一支月球考察队的经历，来介绍月球的另类历史；周宇坤的《会合第十行星》（1998）描写了人类对太阳系认识的逐渐提高；苏学军的《火星三日》（2001）寻找普通人视角下呈现出的火星开发状况；凌晨的《水星的黎明》（1998）把太空救援与自救场面描写得壮观美丽；绿杨的《鲁文基探案》（1995）表现了月球中的多元文化；

杨平的《库克岩石》(1998)“目击”了人类探险队在火星上与异类的接触过程；而吴岩的《沧桑》(1997)则展现了人类百万年后移民火星时所经历的后文化危机与后感情危机。

近年来，随着中国载人航天事业的蓬勃发展，大量的载人航天科幻也风起云涌，如中国空间研究院吴季创作的《月球旅店》《月球峰会》，南方科技大学吴岩教授创作的《中国轨道号》都是这方面的代表作。

纵观100年的中国科幻史，载人航天不但是最重要的，也是内容最丰富、风格最多样的科幻题材。作家对航天技术进行全方位探索的同时也更加关注载人航天科技发展给人类生活带来的影响。

重拾“飞天之梦”

中国的载人航天科幻作品与西方载人航天科幻作品有很多不同。因为中国的载人航天科幻文学充盈着对整个中华民族历史和现实的思考，是中国独特文化史的一部分。如果说西方的载人航天科幻小说主要描写人类在宇宙中探索的话，那么中国载人航天科幻小说则先要确认中国人在地球中的位置。19世纪末中国人心中的梦想到了最低点，飞天梦也与其他梦想一样，在中国人的心中沉睡。是科学技术为人们带来重燃梦想的机会，新科技能否拯救中国呢？从荒江钓叟、东海觉我到郑文光、刘慈欣，他们以航天技术拯救中国的文化为主题，创作的作品在中国科幻文学领域中占据着压倒性地位。以郑文光的作品为例，他的每一部载人航天科幻作品都试图使中华民族获得复兴。《火星建设者》（1957）描写人类对火星的征服过程，而中国航天员是一支主要力量。而在《飞向人马座》（1978）中，东方号是世界上最先进的宇宙飞船，它能够远征黑洞。

从历史发展来看，中国载人航天科幻中的爱国情结是从狂想加自我安慰，逐渐向理性和自我拓展过渡的。中国早期的科幻小说有或宣泄沮丧或鼓舞人心的特征，这些作品的最终结局，还带有反击侵略的意味。中华人民共和国成立以后，以爱国主义为基础的强烈自信进入了作品。刘慈欣是当代最有声望的科幻作家之一。他的作品多以对中华文明的尊崇及对国家的认同为鲜明的标志，反对霸权、倡导科技进步也是其作品经常宣扬的主题。在他的作品中世界大事不再发生在美国或其他国家，而发生在历史悠久的中国，中国领导了世界科技的进步。在另一位当今享有盛誉的科幻作家王晋康的作品中，也随处可见这种鲜明的立场。当然，关注现实并非只关注民族自豪感，它还意味着更多东西。在飕飕飕的《登月自行车》（2002）中，人生的苦难与登月的梦想交织在一起。

中国人在寻找世界立足点的同时，中国载人航天科幻小说则放眼宇宙，全方位地探索宇宙。中国载人航天科幻小说的第二个特点是激发人们开展太空旅行的激情。绿扬在《鲁文基系列》中构造了一个太空研究站，在这里可以日复一日地观察宇宙的变迁；刘兴诗在《辛伯达太空浪游记》(1989)中，让主人公游历各个星球，目睹宇宙万象——从星系的形成到星球上个体的生存状态，无所不包；在郑文光的《战神的后裔》中，人类成功地改变了火星的地貌，在火星上种庄稼、造池塘；在苏学军的《火星三日》中，人们努力建设城市、面对艰苦的环境无怨无悔；在刘慈欣的《中国太阳》中，一位农民逐渐远离自己的家园走到城市并最终进入太空——一个活生生的现代版“丑小鸭”，竟然发生在宇航时代；而另一位当红作家韩松，则在《宇宙墓碑》中展现了令人毛骨悚然的宇航员墓地，告诫人类这将为自己的冒险付出代价，从而反向激励起人类的航天热情。

中国载人航天科幻小说的第三个特征是风格多元。与郑文光对宇宙的诗意表达不同，童恩正的《石笋行》(1982)则是对中国古典科技文化的追寻。与星河的思维爆发方式不同，韩松的冷寂和不动声色则将宇宙空间的严酷淋漓尽致地展现出来。此外，刘咏、迟方、葛红兵等人的载人航天小说也都各有特色。

中国载人航天科幻是伴随着中国的近代工业一同发展的，它同中国的航天科技发展，同整个人类的航天梦紧密相连。应该说，中国载人航天科幻自始至终与现实科技的发展有着积极的联系。一方面，载人航天科幻小说激发人对空间探索的向往；另一方面，载人航天的发展也为科幻小说注入新的活力。体现两者关系的一个最好例子就是杨利伟。航天员杨利伟接受采访时曾说，《三体》《流浪地球》等作品，用艺术唤起人们对科学的兴趣；而他儿时看过的《小灵通漫游未来》中的科幻场景，已变为现实，他也在科幻作品的影响下成为中国的首飞航天员。探索宇宙的梦想让他最终成了真正的航天人。

从整个科幻文学的历史看，无论是美国还是苏联，每当载人航天飞行取得成功的时候，都是科幻小说得到极大肯定和全面发展的时期。中国的空间站已投入运行，期望中国载人科幻小说在天宫空间站的激励下，进入一个辉煌的新时代！

第二章
嫦娥探月工程与月球科幻

"月球探测是进入太阳系星辰大海的一个起点。"

——中国探月工程首任首席科学家欧阳自远院士

2019. 2
Yu Jingchuan

2020 年 12 月 17 日凌晨，中国首个实施无人月面取样返回的月球探测器——嫦娥五号，携带着约 2 千克月壤样本凯旋，这宣布了中国探月工程“绕、落、回”三步走的收官之战正式告捷。

中国探月的步伐随着我国国力强盛逐步变大。而人类登月的梦想要从观测月球开始追溯。

观测月球的历史

人类观测、研究月亮的历史由来已久。早在公元前450年，古希腊哲学家阿那克萨哥拉就已经发现月亮是通过反射太阳光来发光的。后来，希腊人塞琉古发现月球会引起地球上的潮汐。1609 年，伽利略发明了人类历史上第一台天文望远镜，并将镜头对向了月球。他发现远远看起来光滑的月球表面其实凹凸不平。波兰天文学家约翰内斯·赫维留花了 4 年的时间通过天文望远镜观察月面并进行绘制，最终在 1647 年出版了月面图集。1840 年，人类获得了第一张月球照片。

中国古人还会通过观察月亮的变化来预测天气，如《尚书·洪范》中写道“箕星好风，毕星好雨，月之从星，则以风雨。”《诗经·小雅》也说“月离于毕，俾滂沱矣”。此外，中国历朝历代还设有“司天监”“钦天监”等机构，专门负责观察天象、预测吉凶，其中月食是他们观测、记录的重点内容。殷商的甲骨上就记载了在公元前 14 至 13 世纪，共发生过 5 次月食，而有关月食的记录自 5 世纪开始，并一直持续到现在。

关于月球的想象

人类观测月球时，也对它产生了丰富的想象。在嫦娥奔月的故事中，嫦娥被逢蒙所逼吃下了羿寻回的不死药，飞向了月宫。而在古希腊神话中，月亮女神的名字是塞勒涅，她乘坐一辆由两匹神马拉动的月车在夜空中飞驰，在黎明来临的时候便会消失于海洋中。

古罗马时代的普鲁塔克就在《论月面》一书中探讨了月球的结构和组成，他认为月球乃是天与地之间的中转站，人死后，灵魂会在那里分解和改造，有的重返地球，有的留在那里，有的升入星空中。月球也因此成了地上世界的延伸。

而古罗马时代的讽刺作家琉善在他的小说《一个真实的故事》中描绘了另一个更富有想象力的月球世界。在希腊神话中本来是月神爱侣的恩底弥翁成了月球王，他为了金星对太阳王国发起了战争。

而在中国唐朝，《酉阳杂俎》一书中则记载了另一个奇特的月亮故事《天咫》。故事说的是，唐文宗大和年间，郑仁本的表弟和王秀才漫游中岳嵩山，遇到一个穿白衣的月球人。这个月球人告诉他们，月亮是由 7 种宝物合成的，月亮不是光盘而是球形的，月亮上明亮的地方是因为太阳照到月亮凸起的地方而显现的。月球人在月亮上的工作是修理起伏不平的月球，这种月球上的修理工有 82000 户。

这些都是古代文学作品中关于月亮的精彩想象。而到了近代，随着科幻小说的诞生，描绘月球的故事更是层出不穷。

在科幻小说诞生之前，著名天文学家约翰尼斯·开普勒写了一本书——《梦》，主要讲述了关于月球旅行的故事。1638 年，英国人弗朗西斯·戈德温的《月中人》出版，主人公刚萨雷斯通过野天鹅飞到了月球，进而发生了一系列有趣的故事。1657 年法国人西拉诺·德·贝热拉克创作了《月亮帝国滑稽故事》，故事里主人公第一次全身绑着盛满露水的玻璃杯登月，第二次用层层叠叠的爆竹作为推进装置的飞行器去往月球。而科幻小说诞生之后，法国科幻小说作家儒勒·凡尔纳创作了《从地球到月球》和《环月旅行》。故事里美国人用大炮将炮弹发射到月球上，神奇的是发射到月球上的炮弹数与 1969 年美国第一次登月时宇宙飞船里的人数相同，甚至炮弹在月球的降落点也和人类第一次登月时的登月点非常接近；并且，小说中的佛罗里达和休斯敦现在也是美国两个重要的宇航基地。这些都得益于凡尔纳前期做了很多研究，因此才有小说中的精彩预言。

就在同时代，英国科幻小说作家赫伯特·乔治·威尔斯也创作了一部关于月亮的科幻《最先登上月球的人》。在这部小说中，威尔斯描述了科学家凯沃与至交贝德福德乘坐一个可以摆脱万有引力的球体登上了月球。在探索月球的过程中，他们发现了月球人。月球人长相各异，比如，数学家的大脑很大、肢体萎缩；喝道开路的月球人长着喇叭形的脸；奔跑迅速的信差长着蜘蛛般的长腿；而月球警察是月球上最强壮的生物……这一切之上，还有月球王，他长着一双发光的精灵般的小眼睛，球状的脑袋甚至需要仆从扶着才能立起来。后来，这种脑袋庞大、肢体萎缩的月球人在科幻小说的演变中也慢慢成了外星人的经典形象。

中国第一部真正的科幻小说也是关于月球的，它就是1904年荒江钓叟创作的《月球殖民地小说》，主要描述湖南人龙孟华搭乘"气球"寻觅妻儿，他先在地球上找到了妻子，然后在凤飞崖找回曾经登月的儿子龙必大，全家团聚。可惜的是，这部小说最后没有完成。

有专家认为，新中国第一部科幻小说是张然的《梦游太阳系》，其中也有关于月亮的内容。小说的前五章分别是"月亮的故事""到月球里去""月球风光""在月球上打篮球"和"月球上的一课"。另外，也有学者认为新中国第一部科幻小说是郑文光的《第二个月亮》，它也是与月亮有关的科幻小说。

登月的步伐

伴随着对月球的想象，人类也慢慢迈出了登月的步伐。同时，随着美苏争霸的开始，人类登月的步伐也不断加快。

20 世纪 50 年代，登月成了美苏展现实力的重要方式。1959 年 1 月，苏联发射的“月球 1 号”成为第一个飞越月球的航天器。1966 年 2 月，苏联“月球 9 号”探测器首次在月球表面软着陆，成为第一个在月球软着陆的航天器；同年 4 月，“月球 10 号”成功实现绕月飞行，成为第一个进入月球轨道飞行的人类航天器。美国自 1961 年开始实行阿波罗登月计划。1968 年 12 月，“阿波罗 8 号”飞船载着 3 名航天员进入月球轨道环绕月球飞行，这是人类第一次环绕月球飞行。1969 年 7 月，“阿波罗 11 号”载着 3 名宇航员成功发射，宇航员阿姆斯特朗走出“阿波罗 11 号”登月舱，在月球上留下了人类的第一个脚印。

人类登月的同时也希望能在月球开采矿产。月球拥有丰富的氦 3 资源，而氦 3 是核聚变重要的元素之一。科学家通过估算月壤样品，预测月球上氦 3 的储量至少有 5 亿吨。如果采用氘与氦 3 核聚变发电作为替代能源，那么每年全中国只需 10 多吨、全世界只需 100 多吨氦 3 就能满足其所有的能源需求。也就是说，月球上的氦 3 足以供人类使用上万年。也正因为如此，在美国成功实现人类登月后，日本在 1990 年向月球发射了探测器，欧盟于 2003 年向月球发射了“Smart -1”探测器。

我国的探月工程

1978 年，美国赠送我国 1 克月球岩石样品，中国月球探测工程首席科学家欧阳自远院士从这个样本里取出 0.5 克进行研究，并在研究中确定了样品的基本情况和采集地点的情况——是否有光照。

随着国力的增长，我国在 2004 年启动了以“嫦娥”命名的探月工程。嫦娥工程分为“无人月球探测”“载人登月”和“建立月球基地”3 个阶段。2007 年 10 月 24 日，“嫦娥一号”成功发射升空，标志着第一阶段工程的标志性成果诞生。“嫦娥一号”在圆满完成了各项使命后，于 2009 年按预定计划受控撞月。2010 年 10 月 1 日，“嫦娥二号”顺利发射，之后超额完成各项既定任务。2013 年 12 月 2 日，“嫦娥三号”在西昌卫星发射中心成功发射；当月 14 日，携带着“玉兔号”月球车的“嫦娥三号”在月面实行软着陆，15 日“玉兔号”

月球车与着陆器实行分离。“嫦娥三号”还陆续开展了“观天、看地、测月”的科学探测和其他预定任务。2018 年 12 月 8 日，“嫦娥四号”成功发射。2019 年 1 月 3 日，“嫦娥四号”在月球背面实现软着陆，拍摄了世界上第一张近距离月背影像图，并传回地面；随后，“玉兔二号”月球车离开着陆器到达月面,开始科学探测。截至 2020 年 6 月 29 日,“玉兔二号”月球车已累计行驶里程 463.26 米。截至 2020 年 9 月 24 日，“嫦娥四号”着陆器已在月球背面度过 630 个地球日，累积行驶 547.17 米。2020 年 11 月 24 日，中国文昌航天发射场，长征五号遥五运载火箭成功发射嫦娥五号探测器，顺利将探测器送入预定轨道。回顾嫦娥五号这举世瞩目的 23 天，人们一面为它惊险的太空之旅捏一把汗，一面为它不断传回的一条条捷报而欣喜和感动。人们将永远铭记，2020 年底这次意义非凡的太空之旅。中国是继美国、苏联之后，成功实施无人月面取样返回的国家，带回约 2 千克月壤，这对中国的航天科技发展非常重要，也是中国现代科技追赶西方国家的杰出体现。

2022 年 2 月 15 日，“嫦娥五号”研究再出新成果：中国科学家基于“嫦娥五号”采自月球的样品，研究建立起新的、更精确的月球年代函数模型，为月球和行星科学研究提供了更精确的时间标尺。

人类登月之后的月球科幻

随着人类探月脚步不断向前，关于月亮的科幻小说也层出不穷。比如罗伯特·海因莱因的《严厉的月亮》就假借月亮人反抗地球人的统治隐喻了美国的独立战争。还有阿瑟·克拉克的《月海沉船》，描绘了一群在月球旅游的游客遇险受困的故事。安迪·威尔创作的《月球城市》，讲述了一个关于在月球上送快递的故事。获得“中国科普作家协会优秀科普作品奖”的《月球旅店》，由中国空间研究院的航天科学家吴季研究员创作，他通过倒叙的方式回忆了中国登月过程的艰辛。

当然，除了科幻小说，科幻电影也展示给我们对月球的想象。早在无声电影时代，乔治·梅里爱就根据凡尔纳科幻小说拍摄了《月球旅行记》。而威尔斯的《最先登上月球的人》分别在1964年和2010年先后两次被改编为电影。此外，斯坦利·库布里克根据阿瑟·克拉克同名小说制作的《2001太空漫游》里也有月球探险的经典场景。2011年上映的《变形金刚3》则以科幻电影的形式展现了一则流传已久的传说：宇航员阿姆斯特朗登月时说的第一句话是“这些东西大得惊人。天哪！简直难以置信，我要告诉你们，这里有其他宇宙飞船，它们排列在火山口的另一侧。他们在月球上，他们正注视着我们……”。而 2012 年上映的《钢铁苍穹》为我们分享了如果纳粹没有灭亡而是逃到了月球上，历史又会怎么样?当然，最精彩的月球科幻电影，莫过于 2009 年的《月球》，它不仅仅研究了在月球采集矿产的可能，还更深刻地探讨了克隆人的伦理问题。而 2022 年暑假上映的国产科幻电影《独行月球》则不仅为中国科幻电影找回了信心，还首次在我们自己的科幻电影中展示了国人登月的过程。

相信随着人类，特别是中国人探月步伐不断向前迈进，会有更多、更好的探月喜讯不断传来，也会有更多、更好的科幻小说与电影呈现在大家面前。

第三章
火星探测计划与火星科幻

“尔恐我乎？我非人也，乃荧惑星也，将有以告尔。”

——干宝《搜神记 · 卷八》

俞京川 2016.12
Yu Jingchuan

2021年5月22日,根据中国国家航天局获取的遥测数据,"祝融号"火星车已安全驶离着陆平台，开始在火星表面巡视探测。而7天前的5月15日7时18分,搭载着"祝融号"火星车的天问一号探测器在火星乌托邦平原南部着陆，标志着中国首次火星探测任务取得成功，中国也成为自美国之后第二个成功实施火星探测的国家!

人类探测火星的历程

人类最早探测火星是从苏联开始的。1962年11月1日，苏联的火星1号探测器成功发射。尽管飞行5个月后失联，没有传回任何火星的数据，但火星1号在飞行过程中探测到了微流星体撞击事件、太阳风、行星际磁场及宇宙线等珍贵数据，对探索探测器的行星间飞行有重要的参考价值。

第一个为火星拍照的探测器是美国的水手4号。1964年11月28日发射升空，经过8个月的飞行，水手4号在距离火星表面9846千米的高度飞过火星，成为第一个成功飞掠火星的探测器。当人们看到水手4号拍摄的火星照片时非常震惊，科幻小说中描述的存在生命的火星上竟然布满陨石坑，毫无生气。

1971年5月28日，苏联的火星3号探测器发射，6个多月后，它成功着陆，成为第一个登陆火星的探测器。然而，火星 3 号只传输了 14.5 秒的数据就突然与地球失去了联系。

比火星 3 号晚两天发射的美国水手 9 号是第一个环绕地球之外行星飞行的探测器。它在火星上空飞行了 349 天，拍摄了 7000 多张照片，覆盖了火星表面约 80% 的区域。在这些照片中，水手 9 号拍摄的奥林匹斯山是目前太阳系已知的最高、最大的火山，直径约 600 千米，峰高约 27 千米，比海拔 8848 米的珠穆朗玛峰还高 3 倍！

20 世纪 90 年代，火星车终于驶上火星了。1997 年 7 月 4 号,美国火星探路者号探测器成功着陆火星。探测器着陆时，火星探路者号利用火箭减速悬停，确定要着陆的区域。然后，着陆器下降的同时将包裹着旅居者号火星车的气囊弹出并使用绳索吊住气囊。到达一定高度后，绳索被割断，这个像足球一样的安全气囊从距离火星表面几米高的地方自由降落，在地面“蹦蹦跳跳”几次后静止下来。由于气囊内部有平衡设备，静止后，旅居者号火星车能够和地面保持正确的姿态。最后，气囊打开，火星车缓缓驶出。

21 世纪以来，更多国家加入到了火星探测的队伍中，人类对火星的了解也越来越多。2003 年 6 月 2 日发射的火星快车号是欧空局的首个火星探测器，火星快车号对海盗 1 号拍摄的那个酷似人脸的山丘进行了更加细致的拍摄，并合成了立体影像。这让人们一眼看出，那个山丘只是火星上一座非常普通的山峰。

关于火星世界的幻想

其实人类对火星的渴望由来已久，在古罗马神话中，火星是战神玛尔斯的化身。在中国古代，人们称火星为“荧惑”，有“荧荧火光，离离乱惑”之意，这词出自《吕氏春秋·制乐》，曰：“荧惑，五星之一，火精之星。”

美国天文学家帕西瓦尔·罗伦斯·罗威尔从天文望远镜中看到了火星的“运河”。正是因为罗威尔拍下的大量的形似火星运河的照片以及他对火星居民的科学性推断，才使得英国科幻作家赫伯特·乔治·威尔斯灵感迸发，于 1898 年出版了《世界大战》。这部科幻小说讲述了形似章鱼的火星人入侵地球，他们操控着巨大的三脚金属怪物，发射出可怕的光来残杀人类，占领地球。这也许是最早的关于火星人的科幻小说。1953 年，这部科幻小说首次改编成科幻电影上映。2005 年，导演斯蒂芬·斯皮尔伯格再次将这部小说改编成科幻电影《世界之战》。

1912 年，创作过《人猿泰山》的美国科幻作家埃德加·赖斯·巴勒斯出版了《火星上的约翰·卡特》的第一卷《火星公主》。这部科幻小说描述的是美国南北战争时期，南方军逃兵约翰·卡特上尉在印第安人追击下逃进了一个山洞，阴差阳错地来到了火星。在火星上，他遇到了极度好战而又丑陋无比的绿火星人，以及爱好和平、与地球人长相相似的红火星人。卡特凭借自己的特殊技艺成为绿火星人领主，又通过“英雄救美”赢得了一位美丽的红火星人公主的青睐，并成功地与红火星人公主缔结良缘。后来，火星突遇危机，卡特不顾一切地奔赴现场，力挽狂澜试图挽救火星……埃德加·赖斯·巴勒斯一共创作了 11 部“火星系列”冒险故事，而约翰·卡特也继续成为其中几部的主要角色。这部科幻作品时隔百年之后，终于在 2012 年被拍成了科幻电影《异星战场》，搬上了荧幕。

当然，在欧美国家，关于火星科幻一直是非常热门的主题，因为火星是整个太阳系中除了地球以外最适合人类生活的星球。在众多科幻作品中，人类只需要稍微改造，就可以移居其上。类似的科幻还有雷·布莱德伯里的《火星纪事》(又名《火星编年史》)。在这个故事里，人类移民并定居在了火星上,成了真正的火星人。另外还有金·斯坦利·罗宾逊的“火星三部曲”(《红火星》《绿火星》《蓝火星》)，罗宾逊在三部曲中虚构了人类殖民火星、改造火星以及与地球决裂的史诗，他将殖民、环保、科技、政治巧妙地融为一体，将上千年的人类发展浓缩在百余年的火星殖民史中。《红火星》获 1993 年星云奖最佳长篇小说奖。

在欧美地区，表现科幻内容的最佳形式还是电影，关于火星的科幻电影最近几年也上映了很多，大致可分为如下几类：

第一类是有火星人的科幻电影。这一类科幻电影的依据是当时的科学尚没有完全的证据可排除火星上存在智慧生命，所以火星人成为故事的主角。或是人类拜访火星人，如默片时代 1918 年上映的《火星之旅》、1924 年苏联的《火星女王艾莉塔》以及 1960 年的《愤怒的红色星球》、1964 年的《鲁滨孙太空历险》等；或是火星人入侵地球，如根据菲利普·迪克小说改编、1990 上映的《全面回忆》，1996 年的喜剧科幻电影《火星人玩转地球》，以及 2005 年上映的《世界之战》，等等。

第二类是没有火星人的科幻电影。这一类科幻电影的依据是人类探测器登陆火星，明确排除了火星人乃至火星生物的存在，但依然有科学家发现火星上可能存在过生命。在这类科幻电影中，人类前往火星进行探险和殖民就是再自然不过的事了，代表作有 2000 年的《火星任务》和《红色星球》、2013 年的《在火星上最后的日子》、2015 年的《火星救援》等。而《火星救援》尤为特别，因为它设置的背景为近未来，最多离现在不过百年，所以它给很多人以期望，认为再过一百年，人类真的可以移民火星。

中国的火星探测历程

我国首次火星探测任务于 2016 年立项，计划通过一次任务实现火星环绕、着陆和巡视探测。

天问一号探测器于 2020 年 7 月 23 日在海南文昌由长征五号遥四运载火箭成功发射。自发射后，天问一号花了近 7 个月的时间才从地球飞到火星。飞行期间，天问一号还发布了它的自拍照。

天问一号进行自拍时会抛出多个分离测量传感器，它们以每秒 1 张的速度对天问一号连拍。完成拍摄后，用 WiFi 将图像数据传回天问一号，天问一号进行处理并传回地球，我们就能看到天问一号的照片啦！天问一号的自拍不只是为了“留影”，还能帮助地面人员监测天问一号的状态，绝对是一举两得！

挥别分离测量传感器，天问一号继续它的太空飞行之旅。2021 年 2 月 10 日，天问一号探测器成功被火星捕获，成为我国第一颗人造火星卫星，为我们献上了一份特殊的新年贺礼。从 2 月 24 日开始，天问一号探测器进入火星停泊轨道，开展了为期约 3 个月的环绕探测，为顺利着陆火星奠定了基础。5 月 15 日，天问一号探测器成功着陆在火星北半球的乌托邦平原上。自此，我国成为世界上第三个实现火星着陆的国家，也成为继美国之后，第二个在火星上成功实施探测的国家。

天问一号火星探测器总质量约 5 吨，采用的是火箭反推悬停的降落方式。由于天问一号的飞行速度很高，着陆前，它要减速再减速。进入火星大气层后，它利用火星大气减速；然后，打开降落伞进一步减速；最后，它使用携带的反推火箭进行减速，最终安全着陆。这种降落方式我国在探月工程中已经使用过许多次，十分熟练、安全。

5 月 22 日，天问一号巡视器——祝融号火星车与着陆器分离，成功踏上火星，我国火星探测任务实现了人类航天器首次在一次任务中完成火星环绕、着陆与巡视探测。

由于天问一号是我国第一个火星探测器，对火星进行环绕、着陆和巡视也都是第一次，因此，“绕、着、巡”本身就是它的主要任务。其中，任务中的“绕”主要由环绕器承担，它与着陆巡视器分离后继续环绕火星飞行，为我们探测火星土壤、表面和地下水冰、火星的地形地貌，调查和分析火星表面物质的成分等。此外，天问一号环绕器还要为祝融号火星车提供通信支持。“着”和“巡”由天问一号着陆器和祝融号火星车共同承担。着陆后，它们将对着陆区的地形地貌、岩石成分以及环境气候进行探测。

总的来说，我国探索火星的道路还需要不断实践，未来，我国定会在火星探索方面大放光芒。

关于火星的中国幻想

1949 年之前，中国科幻与主流文学结合比较紧密，不仅有鲁迅、茅盾翻译国外科幻小说，还有老舍亲自下场写就科幻小说《猫城记》。小说的主人公乘宇宙飞船来到火星，发现火星上有个猫国。这个猫国历史悠久，但积贫积弱，备受周边国家欺凌。而猫国人不思进取，沉迷于“迷叶”（一种易使人上瘾的类似鸦片的东西）和相互攻讦。故事的最后，隔壁的矮人国入侵猫国，主人公只能乘坐法国飞船黯然离开。这篇故事很有时代感，明眼人能看出老舍先生是借猫国隐喻当时处于半殖民地半封建社会的中国，这也是当时科幻勇于反映现实的写照。

新中国关于火星的科幻代表作是“中国科幻文学之父”郑文光先生于 1954 年在《中国少年报》上发表的《从地球到火星》。有学者研究认为，这是新中国第一部科幻小说。小说讲述的是几个孩子趁着父母熟睡，偷开宇宙火箭，一路飞到了火星，并围绕火星转了一圈。这部短篇小说在北京城掀起了一股火星热潮，很多学生吃过晚饭就到古观象台上排起长龙，围着天文望远镜看火星。1954 年，郑文光发表科幻小说《火星建设者》，它讲述了中国人登上火星，建设火星的故事。这部小说讴歌了建国不久的中国人对建设祖国和开拓新世界的乐观精神,这一点与《火星救援》有异曲同工之妙。《火星建设者》还获得了世界青年联欢节的大奖，成了最早获得国际科幻大奖的中国科幻小说。1984 年，郑文光先生在《火星建设者》的基础上再次推出有关火星的长篇科幻小说《战神的后裔》，体现了中国人建设火星的乐观主义精神。

进入 21 世纪以来，有关火星的科幻并不多，2019 年获得全球华语科幻星云奖银奖的《火星孤儿》也许可以勉强算是与火星相关的作品。

2021 年，爱奇艺上线了一部国产火星科幻电影《火星异变》。该片讲述了人类顶尖科学家为探索更适合人类生存的地方，前往火星研究，不料遇到怪物袭击。中国载人宇宙飞船“万户号”被紧急派往火星开展救援，于是一场人类与未知生物展开殊死搏斗的故事就此展开。这部片子虽然是网络大电影，但特效一点不输院线电影，这也代表了中国在星际探险科幻电影方面的突破。伴随天问一号成功登陆火星，越来越多的国人开始关注火星，相信类似《火星异变》这样特效不错的星际探险科幻电影也会越来越多。

第四章
万米深潜计划与海洋科幻

"可上九天揽月，可下五洋捉鳖，谈笑凯歌还。"

——毛泽东《水调歌头·重上井冈山》

2020 年 11 月 10 日，我国自主研发的“奋斗者号”全海深载人潜水器在马里亚纳海沟成功坐底，坐底深度 10909 米，创造了我国载人深潜的新纪录。

《海底两万里》开启的海洋探索之旅

探索海洋一直是人类多年来的梦想，而关于这方面的科幻作品，最著名的莫过于法国科幻作家凡尔纳的《海底两万里》。

《海底两万里》的诞生和法国作家乔治 · 桑有关。1865 年，乔治 · 桑在读完凡尔纳的《气球上的五星期》和《地心游记》后曾给凡尔纳写信说道：“先生，我希望您不久将我们带进大海的深处，让您笔下的人物乘着这些潜水机旅行，您的学识和想象力能够使之尽善尽美。”凡尔纳收到此信后，将它奉为至宝，不但保存珍藏，而且立刻开始了创作，历时 3 年，他终于创作完成《海底两万里》。此外，凡尔纳本人也是一位非常喜爱海洋的作家。他于 1828 年诞生于濒临大西洋的法国南特市。11 岁时，他曾偷偷上了一艘商船，试图随船远航印度，被家人发现后抓回了家，后来，他还曾购入 3 艘小船。1868 年，在创作《海底两万里》期间，他还曾购入“圣米歇尔号”，之后，他也曾多次乘坐自己的船只出海远航。

对大海的喜爱也让他对创作与航海内容的小说产生了浓厚的兴趣。

《海底两万里》说的是尼莫船长和他的“鹦鹉螺号”，以12千米的时速，在近10个月、8万千米（小说中的里是指法国的古陆里，一古陆里约等于4千米）的海底旅行中，和他的“客人们”饱览了海底变幻无穷的奇异景观和形形色色的生物；旅行从日本海出发，途经太平洋、印度洋、红海、地中海、大西洋、南极，最终回到北冰洋。其间他们经历了海底狩猎、参观海底森林、探访海底的亚特兰蒂斯废墟、打捞西班牙沉船的财宝、目睹珊瑚王国的葬礼，还与大蜘蛛、鲨鱼、章鱼搏斗，反击土著人的围攻等，最终回到挪威海岸。

海洋科幻：独特的科幻类型

《海底两万里》其实是凡尔纳“海洋科幻三部曲”中的一部，另外两部分别是《格兰特船长的女儿》和《神秘岛》。这两部分别关于海上探险与孤岛生存的故事，科幻色彩并不浓。此外，俄罗斯科幻作家别利亚耶夫也创作过“海洋科幻三部曲”，分别是《水陆两栖人》《最后一个大西洲人》《沉船岛》，这3部作品的科幻色彩明显浓厚得多。《沉船岛》是关于“百慕大三角”之谜的故事，别利亚耶夫为“百慕大三角”之谜给出了自己的解释：在“百慕大三角”中失踪的船只并没有沉没，而是漂流到了一个无人知晓的荒岛，在这个荒岛上，劫后余生的不同国籍的人组成了一个有着众多政治斗争的小“社会”。《最后一个大西洲人》则是关于传奇的大西洲——亚特兰蒂斯岛的故事。公元前 350 年，古希腊哲学家柏拉图在对话录《克里斯提阿》和《泰密阿斯》中曾描述过亚特兰蒂斯岛，他写道：“传说 12000 余年以前，有座亚特兰蒂斯岛（大西洲），建立在岛上的亚特兰蒂斯王国曾征服过埃及与北非地区；在与希腊人作战后，亚特兰蒂斯人退回到自己的国土上，后来，由于火山的突然爆发，仅一日一夜的工夫，这块陆地便沉入了海底。”别利亚耶夫正是根据柏拉图的描述，添加了自己的想象，创作出了关于亚特兰蒂斯王国由兴盛到灭亡的故事。《水陆两栖人》则是描绘了一个被遗弃的孤儿被一位医生移植了鱼鳃，变成了可以在水陆生活的两栖人。这个故事也为后世很多科幻作品的创作带来了启迪，如我国最早引进的美剧《大西洋底来的人》、韩松的《红色海洋》，其中都有两栖人的踪迹。

凡尔纳与别利亚耶夫的科幻小说也启迪并引领了很多海洋科幻作品的创作，并形成了海洋科幻这一独特的类型。有一些科幻作品的主题是关于海洋探险的，其中一类是有关于潜艇等海洋探险设备的科幻，除了《海底两万里》写到潜水艇，中国的早期科幻中也有关于潜水艇的描写，如晚清作家吴趼人 1905 年在《指南报》上连载了小说《新石头记》，其中描写贾宝玉来到晚清时候的中国，见到许多前所未闻的事物，有一场景就描写宝玉乘“海底潜艇”绕行地球一周探险。另外，许地山的《铁鱼的腮》也是一部关于新型潜水艇的科幻。此外，凡尔纳自己还创作过《机器岛》，设想了人类在大海上造出了一个钢铁的岛屿，在这个由钢铁制造的机器岛上，人类耕种农作物、制造机器，甚至可以控制天气，不用离开岛屿就可以满足所有的衣食住行。

还有一类海洋探险科幻是关于探险航行和荒岛求生的故事，这一类科幻作品除了前面所述凡尔纳的“海洋科幻三部曲”，还有《十五少年漂流记》，描述了十五个少年在海洋荒岛上求生的故事。我国科幻作家童恩正在《人民文学》上发表的科幻小说《珊瑚岛上的死光》也涉及海洋漂流和荒岛求生。另外，关于百慕大三角的海洋探险也层出不穷，除了苏联科幻作家别利亚耶夫的《沉船岛》，美国科幻作家弗里德里克·波尔和杰克·威廉姆逊也曾创作过《海底舰队》，我国科幻作家郑文光还创作过《大洋深处》。

此外，还有关于寻找海洋新航路的科幻小说，比如刘兴诗的《美洲来的哥伦布》和《失踪的航线》，这两部科幻小说都极具想象力。其中，《美洲来的哥伦布》提出早在哥伦布航行美洲新大陆之前，北美印第安人就早已来到英伦三岛；而《失踪的航线》则提出了一个大胆的假设。

另外，一些海洋科幻的主题与海洋中的生物有关。我国科幻作家迟叔昌 1963 年就写过《大鲸牧场》，描绘了未来，中国人在海洋中“放牧”鲸。当然，现实中的大鲸牧场还没实现，但深海之中的三文鱼牧场却早已变成现实。此外，郑文光的《鲨鱼侦察兵》和刘慈欣的《鲸歌》都聚焦改造、利用海洋生物，只不过一个是利用鲨鱼发现敌国的潜艇，一个是利用鲸鱼来运输毒品。此外，海洋怪物也是海洋科幻作品乐此不疲描写的对象。比如捷克作家恰佩克的小说《鲵鱼之乱》、科幻电影《大白鲨》和《哥斯拉》系列等，还有获得过奥斯卡最佳影片的《水形物语》，也是代表作品。当然，人类也有可能因为环境的变化生活在海洋中。比如《未来水世界》中人类的手脚长出了蹼。而韩松的《红色海洋》则更直接，人类演变出了鱼鳃，只能生活在海洋里。波兰科幻作家莱姆的《索拉里斯海》还把外星球的大海直接想象成星球上最大的生命体，德国科幻作家弗兰克·施茨廷的《群》则赋予了海洋生物报复人类的智慧。

地球表面约 71% 是浩瀚的海洋，我们人类的命运必然与海洋息息相关，所以很多科幻作品还关注了人类对海洋的污染。如陈楸帆的《荒潮》、灰狐的《固体海洋》、凌晨的《海平面下》、吴明益的《复眼人》。这些作品关注了海洋周边的电子垃圾、大海深处的塑料垃圾以及海洋中的赤潮，并用超自然的想象提醒人类，如果人类对海洋只有索取没有保护，那么海洋对人类的报复也会很快袭来。

科幻对万米深潜计划的启迪

人们对《海底两万里》有一种误解——这部作品预言了潜水艇的发明。其实，早在凡尔纳写小说之前潜艇就存在了，他还看过塞纳河上的潜水艇试验，并在 1867 年世界博览会上参观过当时展览的潜水艇。世界上第一艘潜水艇是 1620 年由荷兰科学家科尼利斯·德雷尔制造的木质潜水器。世界上第一艘投入实战的潜水艇是美国的“海龟号”。1776 年，美国独立战争期间，美国人试图操作“海龟号”潜艇攻击停泊在纽约港的英国船只。1800 年，美国人富尔顿发明了由蒸汽机作为动力的简易原始潜水艇，取名叫作“鹦鹉螺”。后来，凡尔纳的《海底两万里》也将潜水艇命名为“鹦鹉螺号”，向富尔顿致敬。

不过凡尔纳的小说确实启迪了潜水艇的改进。美国发明家西蒙·莱克阅读了《海底两万里》后，迷上了海底旅行和探险，并于 1898 年制造出了第一艘在公海成功航行的潜水艇，还收到了凡尔纳的贺信。莱克在他的自传中的第一句话是：“儒勒·凡尔纳是我一生事业的总指导。”1954 年，美国制造了世界上第一艘核潜艇，也为了纪念凡尔纳的伟大构想而命名为“鹦鹉螺 (SSN-571) 号”。而这也反映了科幻与科学的关系，科幻很多时候并不能直接预见某种科学发明，但它会预言科学的发展。

人类对于海洋的探索也随着深潜器的更新换代变得越来越丰富多彩。1890 年，全球第一艘载人型潜水器 Argonaut the First 研制成功。1932 年，在其基础上“弗恩斯 -1 号”载人潜水器问世，载人深潜器技术获得进一步的发展。1948 年，瑞士物理学家奥古斯·皮卡尔在气球设计原理的基础上研制出了全球首台不用钢索而又能独立行动的“的里雅斯特号”潜水器，之后，载人深潜器获得突飞猛进的发展。20 世纪 60 年代，全球首艘具备推进系统、能够运动的潜水器在法国研制成功。与此同时，世界首艘载人型深海潜水器——“曲斯特 I 号”于 1960 年 1 月 23 日研制并海试成功，在马里亚纳海沟下潜最大深度 10916 米，创造了当时世界下潜最深的纪录。尽管取得了令人瞩目的成就，但该潜水器排水量超过 50 吨，体积极其庞大，建造和运输都极为不便，同时受技术条件限制，也没有航行和作业的能力，因此，它除了打破了人类已有纪录的探险功能外，“曲斯特 1 号”在科学研究领域未能得到实际应用。

深海潜水梦与海洋强国梦

中国在20世纪80年代就开启了载人潜水器的相关研究。1986年，首艘载人潜水器7103救生艇开始研制，该潜水器长15米，重35吨，最大下潜深度600米。1996年，根据海试与应用经验，潜水器进行了大修及升级改装，配置了四自由度动力定位系统、集中控制与显示系统。750实验场先后装备了我国自主研制的I型载人潜水器、II型载人潜水器，两者均在水下打捞与作业中发挥了巨大作用。

在前期设计经验的基础上，为实现我国海洋强国梦想，国家科技部联合国家海洋局、中船重工、中国科学院等全国约100家单位，在国家“863计划”支持下集中攻坚，开展“蛟龙”载人潜水器的研制。历经2002年立项，2006~2009年设计建造、总装集成、水池试验，2009~2012年海试等几个阶段。2012年6月，“蛟龙”在马里亚纳海沟开展了大深度海试，成功下潜最大深度7062米，打破了日本“SHINKAI 6500号”（“深海6500号”）保持了长达23年的下潜记录，创造了作业型深海载人潜水器新世界纪录。海试成功后，2013~2017年，“蛟龙”进入试验性应用阶段，作业范围覆盖世界 7 大海区（南海、东太平洋多金属结核勘探区、西太平洋海山结壳勘探区、西南印度洋脊多金属硫化物勘探区、西北印度洋脊多金属硫化物调查区、西太平洋雅浦海沟区、西太平洋马里亚纳海沟区），完成了 152 次成功下潜，总计历时 517 天，总航程 86000 海里以上，充分验证了其优异的技术性能，作业环境覆盖海山、冷泉、热液、洋中脊、海沟、海盆等多种典型海底区域，获得了海量高精度定位调查数据和高质量的珍贵地质与生物样品。截至 2017 年，参与下潜的科学家超过 450 余人次，掀起了世界范围内的深海调查与研究热潮。

在“蛟龙”研制与应用的基础上，2009 年，我国启动了第二台 4500 米级载人潜水器“深海勇士号”的研制，该潜水器利用我国积累的技术和经验，大幅提高国产化设计、研制与测试能力，打造以“中国智造”为核心的自主创新能力，攻克了以浮力材料、深海锂电池、机械手为代表的深海核心技术及关键部件研发，为后续我国载人潜水器的谱系化建设打下了基础。2017 年 6 月，“深海勇士号”完成了海试，49 天实现 28 次下潜，验证了其高效的作业效率。

在 7000 米级“蛟龙”及 4500 米级“深海勇士号”的研制基础上，我国又向万米级深渊载人潜水器的研制发起了冲击。2016 年，在科技部重点研发计划的支持下，我国启动了全海深载人潜水器及其关键技术的研制。2020 年 11 月，“奋斗者号”全海深载人潜水器在马里亚纳海沟成功坐底 10909 米。

在国家项目支持的同时，以上海海洋大学深渊科学与技术工程中心为代表的“民间资金 + 国家支持”研发运作新模式的出现，为我国载人潜水器未来的研发与运行开辟了另一条发展道路。尽管难度重重，但科学家一直在努力前行。2015 年，该中心研制的万米级无人深渊器“彩虹鱼号”完成南海 4000 米级海试，2018 年 12 月，“彩虹鱼号”来到马里亚纳海沟进行海试。

中国载人潜水器技术还得到了商业运用。2015 年，中船重工 702 研究所研制的世界最大全通透载人潜水器在海南三亚投入试运营，该设备整体采用柱形和球形有机玻璃相结合，作为主耐压体的新型设计方式，身形像一枚“胶囊”，这也是“蛟龙”技术的首次商用。

中国潜艇的发展

新中国成立之前，我国自造潜艇的历史非常短暂。1880 年 9 月 18 日，清末的天津机器制造局制造了我国第一艘有史可考的潜艇。当时上海的报纸《益闻录》做了详细记载：

“兹已造成，盖驶行水底机器也。式如橄榄，入水半浮水面，上有水标及吸气机。可于水底暗送水雷，置于敌船之下。其水标缩入船一尺，船即入水一尺。中秋节下水试行，灵捷异常，颇为合用，因内河水甚深，水标仍浮出水面尺许。能令水面一无所见，而布雷无不如意，洵摧敌之利器也。”但这艘潜艇十分初级，未能产生实战效果，在这次昙花一现的记载后，就消失在历史中了。后来，北洋政府和国民党政府都曾打算订购潜艇，但都因各种缘由未曾实现，更不用说制造潜艇了。

我国潜艇真正的发展还要从新中国成立后的1950年说起。当时海军的建军方针就明确提出：以现有力量为基础，重点发展鱼雷快艇、潜艇和海军航空兵等新力量（简称“空、潜、快”），逐步建设一支强大的国家海军。其中，海军选择优先发展潜艇。

1951年，中国成立潜艇学习大队，到苏联去学习。1954年，中国第一支潜艇部队成立，当时装备的是2艘从苏联接收的M级小型潜艇“新中国11号”和“新中国12号”，这些老古董是1934年开始建造的，排水量仅有约200吨。

1953年，苏联有偿转让W级常规鱼雷潜艇的制造权，这是中国自行建造潜艇的开端。1955年4月，首制艇在江南造船厂开工，1956年3月下水，1957年10月验收入列。截止到1963年，我国共生产了数十艘该级潜艇，其中有甲板炮的 W-4 型 5 艘，其余均为 W-5 型。W 级潜艇是新中国生产的第一型潜艇，在我国被称为 6603 型潜艇，后改名为 03 型潜艇。该型潜艇长 58 米、宽 63 米，正常排水量 1050 吨，水下排水量 1300 吨，水下最大航速 13 节（节，专门用于航海的速率单位，即每小时航行的海里数），自持力 30 天，艇员 52 人。03 型潜艇共有 6 具 533 毫米鱼雷发射管，发射深度 30 米，艇内可携带 12 枚 53-51 型鱼雷（射程 8000 米）或 22 枚水雷。W 级潜艇一共制造了 21 艘，20 世纪 90 年代后，此类潜艇全部退役。

中国生产量最大的潜艇是后来的 R 级常规动力潜艇 (033 型)，这是苏联 613 型的改进型。033 型潜艇与 613 型相比主要改进之处是增加了 2 具鱼雷发射管，提高了水声设备性能，增加了蓄电池的水冷却系统，下潜深度增大，通气管状态作为主要航态提高了航速，采用将贮备浮力转变成超载燃油的途径，巧妙地使续航力和自持力增大了一倍，在动力装置未做改变，依靠改进流体动力和推进特性，排水量增大后潜艇的水下航速仍保持不降低。应当说，033 型的设计在当时是相当成功的。1966 年，同时建造发展了另外一款 G 级常规动力弹道导弹潜艇。1982 年 10 月 12 日，中国第一枚潜射固体战略导弹“巨浪 -1”首次由 G 级常规动力导弹潜艇水下发射试验成功，中国一跃成为世界上第 5 个拥有水下发射战略导弹能力的国家。

1967 年，中国研制了第一代中型常规动力鱼雷潜艇，即 035 型鱼雷攻击潜艇。

035 型艇首艇于 1969 年开工建造，1974 年正式服役，截至 2002 年底，武昌造船厂与江南造船厂共建造 23 艘。该艇原型装有 8 具 533 毫米鱼雷发射管，艏 6 具、艉 2 具，采用气压发射，携弹量 18 枚。035A 型艇艏装有 6 具 533 毫米鱼雷发射管，携弹量 16 枚。另外，执行布雷任务时，可携带水雷 32 枚。早期型号无 035B 型装备潜射巡航导弹。随后，中国又建造了 039 型潜艇，这是中国自主研制的第二代常规动力潜艇。

1968 年 10 月，首艘核潜艇在葫芦岛造船厂开工建造，它是中国在没有外援的情况下，完全独立设计建造的，其中所有零部件均为国产。核潜艇的战略意义超过了航母，目前公开拥有核潜艇的国家只有中、美、英、法、俄、印六国，它是一个国家的重要战略力量，一个移动在水下的国家防卫力量。091 型核潜艇共建造 5 艘，首艇于 1968 年开工建造，1974 年建成服役，最后一艘于 1990 年服役，潜艇艇号分别为 401 至 405（分别命名为“长征 1 号”至“长征 5 号”）。

之后，中国陆续装备第二代攻击核潜艇，092 型核潜艇于 1970 年研制建造，1980 年正式服役，并在 1988 年成功发射了一枚潜射弹道导弹。中国成为世界上第五个拥有水下核打击力量的国家。该型号核潜艇于 2009 年在中国海军成立 60 周年大阅兵上首次公开亮相。

按照“装备一代、研发一代、设计一代”的传统，随着 092 型核潜艇的服役，中国开始研制新一代核潜艇，这就是 094 型战略核潜艇，本级艇的开发始于 20 世纪 80 年代末，首艇于 1999 年开始建造，2002 ~2003 年下水，2004 年完工。截至 2009 年秋，该型潜艇完成极限深潜、水下高速行驶、深海发射战雷等试验与考核项目。目前，新一代核潜艇正在研发制造中。

第五章
生命科学与科幻

“生命科学就是探究所有和生命有关的未知，是一个非常博大精深的科学。”

——西湖大学校长、中国科学院院士施一公

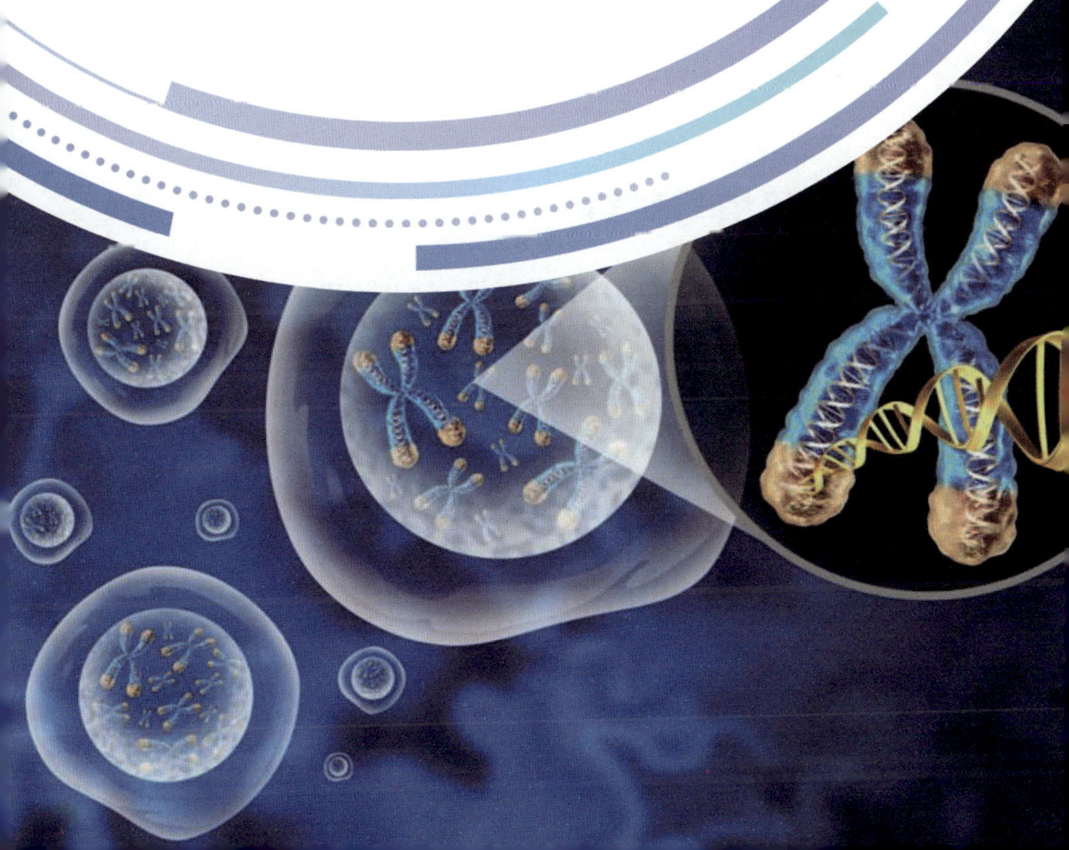

自从 1818 年，玛丽·雪莱发表世界首部科幻小说《弗兰肯斯坦》以来，关于生命科学的科幻作品就层出不穷，不仅有移植人类头颅的《陶威尔教授的头颅》，还有将野兽改造成人的《莫洛博士岛》。此外，中国作家王晋康的《豹》将野兽基因植入人的体内，刘慈欣的《天使时代》则是将人的基因进行改造，让人类可以吃草，还能长出翅膀。当然，此类科幻讨论最多的还是对生命的克隆，如在《逃出克隆岛》《云图》里都有精彩的展现。有关生命科学的科幻不仅仅在于展现科技发展之可能，更为我们探讨了如何在人类伦理的规范下妥善引导生命科学的发展，这类科幻对于生命科学的研究、发展也具有启发意义。

器官移植与科幻

在涉及生命科学的科幻作品里，《陶威尔教授的头颅》是最早关于器官移植的科幻小说。作者亚历山大·别利亚耶夫于 1884 年出生于苏联斯摩棱斯克，被称为“苏联科幻之父”。1925 年，他发表了第一部长篇科幻小说《陶威尔教授的头颅》（又译《道尔教授的头颅》），之后，共创作了 17 部长篇、几十部中短篇科幻作品，代表作有《沉船岛》《最后一个大西洲人》《水陆两栖人》《永生粮》等。1941 年冬，他完成最后一部科幻作品《飞人阿里埃尔》后，不久便与世长辞。1990年，圣彼得堡作家协会设立亚历山大·别利亚耶夫纪念奖，以奖励上年度的优秀科幻及奇幻小说。

《陶威尔教授的头颅》的创作灵感来自作者的亲身经历，他曾经因为脊椎病在床上躺了三年，这三年里他不仅无法起床，更无法赶走飞到脸上的甲虫。后来，他把这段经历写入《陶威尔教授的头颅》一书中。书中，陶威尔教授是一位充满想象力的发明家，他致力于复活死人的器官、进行起死回生的实验。他的实验成功后，实验成果却被助手窃取。陶威尔教授也成了自己助手的试验品，最后只剩下头颅和里面的思想保存了下来，过着残缺不全的生活，继续着科学探索和研究。而这种状态和别利亚耶夫躺在病床上时的情况几乎没有区别，而他也正是根据自己的亲身体验写出了没有躯体的《陶威尔教授头颅》。小说中还描述了一个女歌手因为心脏中弹，将自己的头颅移植到了一个因车祸被轧到头颅而死的女演员身体上。在这里，陶威尔教授的发明得到了进一步运用，人类的头颅实现了移植。

除了移植人类头颅，狗头移植不仅被写进小说，还真实出现过。我国科幻作家萧建亨曾创作过《布克的奇遇》。《布克的奇遇》最早发表于1962年《我们爱科学》杂志第7期，后曾入选中等师范学校全国统编语文教材，并获得过全国第二次少年儿童文艺创作二等奖。正如萧建亨自己所说，“我一直在科普旗帜下写作科幻小说”。《布克的奇遇》也是一部典型的科普型科幻小说，故事说的是，一只叫布克的狗，本来要成为马戏团的明星，结果一场车祸后却意外失踪。三个月后，布克又毫发无损地神奇回归。主人公调查事件真相后，发现车祸后布克被实验室的科学家换了身体，而这个实验室不仅可以换头，还可以换其他器官和肢体，最后甚至可以应用到人的身上。关于这部科幻小说中的狗头移植术，曾有报道称，世界器官移植技术创始人苏联科学家弗拉基米尔·彼得罗维奇·杰米霍夫在 1959 年曾经成功实验过：他把一个狗头移植到另一只狗的身上，《布克的奇遇》很有可能借鉴了这则新闻。

器官移植在别利亚耶夫的那个时代还没有真正实现，他只是在小说中做了精彩的预言。人类历史上第一次成功的器官移植手术是 1954 年美国人实施的肾脏移植。后续，心脏、肝脏、肺等器官都实现了成功移植。而面部器官移植是 2005 年在一个法国女士身上实现的，全脸的成功移植直到 2010 年才在西班牙得以实现。手臂的移植可追溯到 1998 年，而直到 2000 年，法国里昂实施了世界首例成功的双手和前臂移植手术。2008 年，德国实施了世界上首例完整的双手臂移植手术。虽然这么多器官和肢体成功实现了移植，但人类至今仍然无法实现头颅移植。2015 年，曾有媒体报道，一名身患霍夫曼肌肉萎缩症的俄罗斯男子想将自己的头交给一名意大利临床医生，移植到一个健康的身体上，实现人类首例“换头术”。但由于科学伦理和科技发展的原因，这依然只是媒体的谈资，并没有最终实现。不过，据报道，国内哈尔滨医科大学的任晓平教授及其研究团队已在实验室中通过动物实验对“头身重建”开展了长期的研究。

基因编辑与科幻

关于基因编辑的科幻也有很多，这些科幻与现实相互印证，其中王晋康老师的《豹》就是代表作之一。《豹》首次刊登于 1998 年《科幻世界》第 6 期和第 7 期，后在 2003 年被扩写为长篇小说《豹人》，在河南人民出版社出版。《豹》发表后就获得了第十届中国科幻银河奖特等奖。小说讲述了美籍华裔运动员谢豹飞在奥运会上一鸣惊人，在百米短跑中跑出了 9.45 秒的世界纪录（目前的世界纪录是博尔特创造的 9.58 秒）。谢豹飞的成绩打破了某些种族对短跑比赛的垄断，被视为亚裔体育竞赛的杰出代表。但这背后的真相是他体内被身为生物学教授的父亲嵌入了猎豹的基因片段，所以才能“一飞冲天”。而猎豹基因的嵌入也改变了谢豹飞的本性，让他具有了猎豹嗜血的本能，最终，他因无法自控失手杀死了未婚妻。而谢豹飞未婚妻的堂兄为了报仇又杀死了他。在案件审理环节，这两起案件让谢豹飞是不是真正的“人类”成为社会舆论的焦点。有些人认为，谢豹飞身体里虽然有动物基因，但他具有人的思维能力和情感，当然是人类。也有人认为，谢豹飞的身体内嵌入了动物基因，动物基因的嗜杀倾向则代表了食肉动物的狩猎本性，这已经完全超出了人性，因此，谢豹飞不应该属于人类。法庭最后支持了第二种说法，将他未婚妻的堂兄无罪释放。而作者则借谢豹飞父亲之口支持了第一种说法，并认为被基因改造过的人也属于人类，而人类的未来演化进程必定会进行基因改造。

小说发表至今,关于“基因编辑”的话题一直没有中断过。2018 年，有学者宣布“基因编辑”婴儿诞生，再一次让这类科学问题成为全社会的焦点。很快,《国家科技伦理委员会组建方案》的推出及随后国家科技伦理委员会的成立，则标志着中国在这方面的审慎态度。毕竟，没有经过全面研究就贸然将动物基因植入人类体内，不仅超出了目前的科技伦理规定，也违反了国家的法律法规。

此外，这篇小说发表后也引出了一个有趣的话题，亚洲黄种人可以在短跑比赛中打破黑人的成绩垄断吗？ 2021 年 8 月 1 日，苏炳添以 9.98 秒的成绩获得东京奥运会男子百米决赛第六名，这条消息迅速冲上了热搜榜。有网友发帖说，王晋康的《豹》神预言了苏炳添的参赛情况，并细致分析了小说与现实的重合点。不过，王晋康事后回应记者说："巧合，纯属巧合！"当然王晋康老师所说的"巧合"，背后隐藏的是以苏炳添为代表的中国体育选手多年的努力。看似巧合，其实并不是巧合。

动物改造与科幻

此外，还有一些科幻的主题是关于动物改造的，比如有位叫迟叔昌的科幻作家写过一篇科幻小说《割掉鼻子的大象》。这部小说最初起名《二十世纪的猪八戒》，并于 1955 年投稿《中学生》杂志，但投完稿后就一直杳无音信，直到杂志主编叶至善从乡下调研回来后发现了这篇文章，才改名为《割掉鼻子的大象》，并在 1956 年 4 月的《中学生》杂志上正式发表。这篇小说一发表就一炮打响，后来被收入冰心作序的《1957 年优秀少年儿童作品》中。冰心在作品集序言中曾评价道："迟叔昌把科学道理融合在故事里，引人入胜。"《人民日报》在 1956 年 5 月 3 日刊登的读者来信栏目中指出："《中学生》今年 4 月号刊登了一篇《割掉鼻子的大象》的科学幻想故事，青年们也都争相阅读，有的读过后还立了志愿，也要把猪改造得像大象一样。”《割掉鼻子的大象》的成功发表,也给了迟叔昌莫大的鼓励。于是,他写出《大鲸牧场》《科学怪人的奇想》(与叶至善合作)《旅行在1979年的海陆空》《三号游泳能手的秘密》《起死回生的手杖》《科学怪人的奇想》《冻虾和冻人》《人造喷嚏》《机械手海里得兵器》《小粗心游太阳公社》《没头脑和电脑》等一系列少儿科幻小说。

迟叔昌的科幻小说构思奇妙，故事有趣，语言生动，非常适合少年儿童阅读。他在科幻小说创作中非常注重科学性，讲故事的同时也会说明科学道理。像《割掉鼻子的大象》说的是“奇迹72号”猪经过品种改良，增肥至12500斤。而在故事中，科学家为了改良猪的品种，用了刺激动物脑垂体的方法来实现。同时，为了避免改良后的猪骨骼易断裂，科学家采用了照射紫外线、在饲料中增加富含磷、钙元素的强骨素等科学手段。所以从这一点来说,《割掉鼻子的大象》更像一篇科学普及型的科学故事。不过这也许就是中华人民共和国成立初期科幻的共同的特点：贴近少年儿童、极具科学性。同时，这篇科幻也不可避免地带有那个时代科幻的通病——故事中的人物容易脸谱化，小说中科学家通常都是无所不知的万能博士，科学在小说中是无所不能的。

第六章
能源的历史与未来

“作为世界最大能源生产国和消费国，中国实现碳中和是一场硬仗，其关键是能源革命。”

——中国科学院原院长白春礼院士

碳中和是指通过植树造林、节能减排等形式，抵消国家、企业、产品、活动或个人在一定时间内直接或间接产生的二氧化碳排放总量，达到相对的零排放。而碳达峰指的是碳排放达到峰值后,进入平稳下降阶段。碳中和和碳达峰简称“双碳”。2020 年 9 月 22 日，中国政府在第七十五届联合国大会上提出，中国将提高国家自主贡献力度，采取更加有力的政策和措施，二氧化碳排放力争于 2030 年前达到峰值，努力争取 2060 年前实现碳中和。

碳达峰、碳中和其实从根本上说是一个能源问题，而能源是人类生存和发展的原动力，也是人类生死存亡的关键所在。

薪柴能源与科幻

人类自发展的历史就是一部人类不断发现能源、获取能源、转化能源的历史。纵观人类历史，人类利用能源经历了 3 个阶段，分别是薪柴能源阶段、化石能源阶段和可再生能源阶段。其中，薪柴能源阶段是与火的使用相伴随的。根据最新考古研究发现，最早关于人类用火的记载可以追溯到 100 万年前的南非，研究者在南非中北部的奇迹洞穴里发现了百万年前直立人使用的火堆遗迹，并在遗迹旁发现了燃烧过的骨头和直立人使用过的石器。

人类的控制性用火是演化道路上的重大进步，也正是从那个时代，人类开始高速发展。火不仅杀死了寄生虫，让食物变得更容易消化，也拓宽了人类当时的食谱，养活了越来越多的人，同时也让人类更强壮。当然，更重要的是火在寒夜里给了我们祖先光和温暖，远古人类（包括直立人、尼安德特人和智人等人种）也因此适应了黑暗寒冷的环境，为适应整个地球做好了准备。

而关于人类使用火在科幻中也有表现。法国科幻作家J.-H. 罗尼是法国文学界继凡尔纳之后出现的又一位科幻先驱，他的代表作是《火的战争》。这部小说的背景是 8 万年前的原始社会。在那个时代，对火的控制成为衡量不同原始部族“技术水平”的最重要标准。有一个只能保存火种而不能制造火种的原始部落，因为一次偶然部落里的火种熄灭了，部落首领派出部落战士向能够制造火种的部落求助。与此同时，另外一个不能保存火种的落后部落趁机向他们发动了袭击。这部小说在出版 72 年后，于 1981 年被搬上银幕，改编成电影《火之战》，获各类电影奖项。

煤炭能源与蒸汽朋克

人类利用能源的第二阶段是化石能源阶段，这一阶段也分为两个部分，第一是蒸汽机和煤炭能源，第二是内燃机和石油能源。

16 世纪以来，随着经济的发展，工业消费和家庭需求的增加推动了对木柴和木炭的需求，然而工业革命爆发之前的英国却面临着森林资源短缺的问题。从 1500 年到 1630 年的 100 多年间，英国的木材价格猛涨了 7 倍，木柴和木炭也因此价格暴涨。因此，像英国这样的工业化经济体需要一种新的、更便宜的能源，而煤炭也成了此时的最佳选择。1619 年左右，煤炭在英国能源消费结构中的比重超过居主导地位的柴薪，英国能源结构完成了向煤炭系统的转型，这也标志着第一次重大能源转型的开始。

煤炭的使用也促进了蒸汽机的诞生。蒸汽机的诞生最早是为了解决煤矿开采过程中地下水的渗漏问题。1690 年，法国科学家帕潘根据波义耳定律提出并发表了蒸汽机的工作原理。英国工程师萨弗里借鉴帕潘的蒸汽机原理发明了一种抽水机，并在 1698 年取得专利。萨弗里的同乡纽科门和科里，按照帕潘的构思改进了萨弗里的机器，并制造出了世界上第一台可以全天连续运行且运行成本相对低廉的蒸汽排水机——纽科门机，于1712年获得专利并在英国各地煤矿使用。1769年，格拉斯哥大学机械师詹姆斯·瓦特优化了纽科门机，经过多次试验，制成了第一台单动式蒸汽机。这台蒸汽机工作效率是纽科门机的3倍，耗煤量却只有后者的四分之一。1782年，他经过改进又制成了联动式蒸汽机。蒸汽机的发明，是第一次工业革命的重要标志，使人类由200万年来以人力为主的手工劳动时代进入近代机器大生产的蒸汽时代。

蒸汽机的发明和改进也推动了工业革命的进步，与此同时煤炭使用量和产量也大幅度增加。煤炭也以其高热值、分布广的优点成为全球第一大能源，随之带动了钢铁、铁路、军事等工业的迅速发展，大大促进了世界工业化进程，煤炭时代所推动的世界经济发展超过了以往数千年的发展。

蒸汽机和煤炭能源也促使科幻诞生了一个重要流派，这就是蒸汽朋克。蒸汽朋克科幻是一个架空世界的科幻门类，多以工业革命之后的英国维多利亚女王在位时期为背景。这类科幻最大的特点就是使用电气革命之前的科技，特别是蒸汽机。这种截取人类历史中的一个片段并且加以科幻演绎的作品，兼具历史的厚重感、时间的陌生感和科幻的新奇感3种特点。此类科幻小说的代表作有美国科幻作家布鲁斯·斯特林和威廉·吉布森合著的《差分机》。差分机是历史上出现过的一种计算机器，发明者是英国数学家巴贝奇。小说借由差分机的发明，构建了一个与现实不同的平行世界。在这个平行世界，英国人巩固了他们通过蒸汽机创造的世界霸权，分裂了美国，赢得了布匿战争，改变了世界格局。

除了《差分机》，有特色的蒸汽朋克科幻电影也有不少。21世纪以来，有《掠食城市》和《疯狂的麦克斯》，还有宫崎骏的《哈尔的移动城堡》、大友克洋的《蒸汽男孩》两部典型的蒸汽朋克动画电影。这一类科幻的特点是建立在点错科技树的想象上，所设想的是蒸汽革命没有被电气革命所取代的社会。是不是会有不同的感觉？蒸汽朋克的魅力在于重构历史。很多人都有过这样的想象：如果某个历史事件是这样而不是那样，那么如今我们的生活会如何呢？历史不能够假设，但是我们的想象是没有止境的，而真的将这样的想象表现出来的，就是历史科幻小说了。除了我们熟悉的时间旅行、平行宇宙之外，直接利用幻想来重塑历史又形成体系的,大概就是蒸汽朋克了。尤其是《差分机》这部作品，一半是历史的循规蹈矩，一半是想象的天马行空，足够让喜欢历史和喜欢幻想的人都一同兴奋起来。蒸汽朋克同样也带有一种浓浓的怀旧情结。数字时代的世界是流畅优美的工业设计，小型化，精细化；但是蒸汽朋克世界里的东西都庞大而粗糙的，而一切庞大的事物都足以激发人类深深的崇敬之情，在蒸汽朋克创造出的世界里大型飞艇、大型蒸汽机车都让人十分着迷。

电气革命中的科幻

随着石油和内燃机的发展，特别是二次能源电能的发现，电气革命给世界带来天翻地覆的改变。

1859 年，美国宾夕法尼亚州建造了第一口商业油井，但直到将近一个世纪后，石油才成为主要的能源。19 世纪末，人们发明了以汽油和柴油为燃料的内燃机，福特成功制造出世界第一辆量产汽车。这一时期，石油以其更高热值、更易运输等特点，于 20 世纪 60 年代取代了煤炭第一能源的地位，成为第 3 大主体能源。此后，石油作为一种新兴燃料不仅直接带动了汽车、航空、航海、军工业、重型机械、化工等工业的发展，甚至影响着全球的金融业，人类社会也被飞速推进到现代文明时代。

1831 年，英国科学家法拉第发现电磁感应现象，提出了发电机的理论基础。科学家们根据这一发现，从 19 世纪六七十年代起对电做了深入的探索和研究，出现了一系列电气发明。1866 年，德国人西门子制成发电机。19 世纪 70 年代，实际可用的发电机问世。这一时期，能把电能转化为机械能的电动机也被发明出来，电力开始用于带动机器，成为补充和取代蒸汽动力的新能源。随后，电灯、电车、电钻、电焊等电气产品如雨后春笋般涌现出来。但是，要把电力应用于生产，还必须解决远距离输送问题。1882年，法国人德普勒发现了远距离送电的方法，美国科学家爱迪生建立了美国第一个火力发电站，把输电线联接成网络。电力是一种优良而价廉的新能源，它的广泛应用，推动了电力工业和电器制造业等一系列新兴工业的迅速发展。人类历史从“蒸汽时代”跨入了“电气时代”。

电的发明和广泛使用，给化石能源找到了一种更加容易运输、分配、存储、使用的二次能源形式。化石能源的发现和电的发明，使人类文明得到空前的提高和发展。汽车、火车、轮船和飞机的出现，彻底改变了人们的出行速度和空间广度，同时也使世界各地的各种物质以及文化、文明得到更快更好的交流。关于汽车和石油能源的科幻有很多，英国作家赫胥黎的《美丽新世界》尤为特别，小说中将福特制造第一辆汽车的时间确定为新时代纪元开始，这是将汽车的出现和石油的大规模使用作为新时代的开始。说到与电相关的科幻，我国曾经拍摄过电影《霹雳贝贝》，片中描写了人体带电的话题。世界上第一部科幻《弗兰肯斯坦》则借由电为怪物赋予生命。

气候变化中的科幻

虽然化石能源推动了人类文明的进步，可是化石能源引起的温室气体排放、环境污染、生态恶化问题却越来越严重。工业革命近 200 年以来，燃烧煤炭、石油、天然气推动了人类的工业化进程，同时向地球大气中排放了大量的二氧化碳等温室气体，阻止了热量从地球上散去，导致温度灾难性的转变，继而造成对地球生态的毁灭性打击。2022 年，全球迎来罕见的极端高温天气。在南亚，印度和巴基斯坦从 3 月开始就受到高温冲击，印度部分地区在 3 月底气温就超过了 44℃，至少有 90 人因此死亡。6 月，东京连续 9 天超过 35℃，是当地自 1870 年有记录以来的最严重热浪;7 月中旬，英国出现了自开始监测温度以来的首个 40℃以上高温。与此同时，热浪之下的干旱、野火在法国、西班牙、希腊、德国等地蔓延。有专家表示，欧洲大部分地区正在遭遇的可能是 500 年来最严重的干旱。而在我国，2022 年夏季，中东部地区出现大范围持续高温天气，持续时间长达 79 天，有 361 个国家气象站（占全国总站数 14.9%）日最高气温达到或超过历史极值。根据国家气候中心监测评估，综合考虑高温热浪事件的平均强度、影响范围和持续时间，此次高温事件综合强度为 1961 年有完整气象观测记录以来最强。

为了应对气候变化和频发的极端气候，人类一直在努力。1997 年 12 月，149 个国家和地区的代表通过了旨在限制发达国家温室气体排放量以抑制全球变暖的《京都议定书》，把应对气候变暖的倡议提升成有法律约束的国际公约，这也是人类历史上首次以法规的形式限制温室气体排放。文件约定发达国家从 2005 年开始承担减少碳排放量的义务，而发展中国家则从 2012 年开始承担减排义务。中国于 1998 年 5 月签署并于 2002 年 8 月核准了该议定书。2015 年 12 月，197 个国家通过了里程碑式的《巴黎协定》，该协定成为《联合国气候变化框架公约》下继《京都议定书》后第二个具有法律约束力的协定。《巴黎协定》旨在将 21 世纪全球气温升幅限制在 2℃以内，同时寻求将气温升幅进一步限制在 1.5℃以内的措施。

也是在 2015 年，中国正式向联合国提交了《强化应对气候变化行动——中国国家自主贡献》文件，文件承诺“二氧化碳排放 2030 年左右达到峰值并争取尽早达峰，单位国内生产总值二氧化碳排放比 2005 年下降 60%~65%，非化石能源占一次能源消费比重达到 20% 左右，森林蓄积量比 2005 年增加 45 亿立方米左右。”到 2020 年 9 月，中国向世界郑重宣布，中国将提高国家自主贡献力度，采取更加有力的政策和措施，二氧化碳排放力争于 2030 年前达到峰值，努力争取 2060 年前实现碳中和。“碳达峰”“碳中和”也快速成为热词。目前，绝大多数发达国家已经实现碳达峰，碳排放进入下降通道。我国目前碳排放虽然比 2000 至 2010 年的快速增长期增速放缓，但仍呈增长态势，尚未达峰。“碳中和”即净零排放，狭义上指二氧化碳排放，广义上也可指所有温室气体排放的净零排放。碳中和要求人为排放源与通过人为方式进行的林业管理碳汇、碳捕获与封存（CCS）技术等吸收汇达到平衡。

为了早日实现“碳达峰”“碳中和”，中国所要做的工作有很多，这其中能源绿色低碳发展是关键，尤其在能源使用上要特别注意减少化石能源的使用，努力追求可再生能源以及新能源的使用。

当然，关于“碳达峰”“碳中和”的科学想象也是对我们早日实现“碳达峰”“碳中和”最好的宣传。

关于“碳达峰”“碳中和”的科幻又可称为低碳科幻或者零碳科幻。它们一方面聚焦低碳节能，即降低二氧化碳的排放，认为可以通过减少化石能源的使用，节约现有能源来实现，比如陈楸帆在《零碳中国》中提出了节电节水、低碳交通、少乘电梯、使用空调注意适度等行动计划。另一方面则是聚焦保护地球环境。这类科幻设想的是化石燃料枯竭后的地球，如美国科幻作家保罗·巴齐加卢皮的《发条女孩》和《拆船工》。

在《发条女孩》中，由于化石能源枯竭，未来只能使用畜力；而在《拆船工》中，由于石油枯竭，帆船只能利用风能。在《零碳中国》书中，作者借用盖亚假说的理念，提出了地球是一个和谐共生的整体，如果不能善待地球环境，那么二氧化碳排放造成地球局部升温，也会给人类自身造成不可挽回的局面。

国内关于低碳科幻最好的作品，莫过于陈楸帆的《零碳中国》。《零碳中国》中，主人公阿和生活在 2021 年的中国，他参加了一个编号为 CN2060 的项目，认识并了解了“碳达峰”“碳中和”，同时也明白了中国在 2030 年实现“碳达峰”、在 2060 年实现“碳中和”的意义。阿和在参加这个项目的过程中无意之间还深入到了一个“绿城 2060”VR 游戏中。在这个游戏中，阿和来到了我国在 2030 年建设的碳中和先行示范城市——绿城，见证了绿城之中人类与自然的和谐共生，同时也了解到化石能源巨头公司试图通过建立黑金军团来破坏碳中和计划。为此，阿和和小伙伴们与黑金军团展开了坚决的斗争并成功阻止了黑金军团的阴谋。而在故事的最后，阿和的意识穿越到了 2060 年，见证了地球上一半地方实现了碳中和。

《零碳中国》继承了新中国成立以来科普型科幻的传统，同时又加入对现实问题的反思。书中介绍碳中和这个概念时，选取碳中和的几个典型问题进行讨论，包括碳中和的实现途径；在碳中和的实现路径下，哪些行业或领域会受到影响；实现碳中和的过程中，人类的生产生活会产生的变化；生态文明建设与碳中和之间的关系等。此外，作为一部现实意义上的低碳科幻，《零碳中国》不仅设想了我们实现碳达峰、碳中和的场景，也将我们中国关于实现碳达峰、碳中和的现实工作写入了科幻。比如通过介绍青岛灵山岛建设“负碳海岛”以及西北 1 亿千瓦光伏基地建设等项目来阐述我国实现碳达峰、碳中和的决心和努力。也正如作者自己所说，“科幻就是最真的现实”，只要我们共同努力，“零碳中国”一定可以早日实现。

核能与可再生能源中的科幻

在实现“碳达峰”“碳中和”过程中，核能与可再生能源这些新能源也是我们应对气候变化和化石能源枯竭的很好助力。

核能包括核裂变能源、核聚变能源与核衰变能源。目前被广泛使用的是核裂变能源。1954 年世界上第一座商用核电站——奥布宁斯克核电站在苏联建成了；1991 年，秦山核电站并网发电，实现了我国核电零的突破；2020 年 11 月 27 日，华龙一号并网成功，标志着我国研发具有完全自主知识产权的先进百万千瓦级压水堆核电技术研发成功。2022 年全世界共有 422 座核电站正在运行,全年总发电量为 2.7 万亿千瓦时，占全世界发电量的 9.6%。截至 2022 年 5 月，我国核电累计发电量超过 1.35 万亿千瓦时，相当于减少燃烧标准煤 4.08 亿吨，减少排放二氧化碳 10.70 亿吨，生态效益相当于植树造林 368.85 万公顷。

相对于核裂变还要产生核废料而言，核聚变能源无疑是未来清洁可持续发展的方向。1991 年 11 月 9 日，在欧洲联合环型核裂变装置上，成功地进行了首次氘－氚受控核聚变试验，持续时间为 2 秒，温度高达 3 亿摄氏度，比太阳内部的温度还高 20 倍。2020 年 12 月，我国新一代“人造太阳”装置——中国环流器二号 M 装置在成都落成，并首次实现发电。2023 年 4 月 12 日，由中国科学院合肥物质科学研究院等离子体所研制 EAST 全超导非圆截面托卡马克装置（东方超环）实现了 403 秒稳态长脉冲高约束模等离子体运行，创造了托卡马克装置高温等离子体运行时间最长的世界纪录。

与核能相关的科幻则更多。一类科幻担忧核战争之后核辐射造成的末日，英国科幻作家乔治·威尔斯在 1914 年出版的科幻小说《获得自由的世界》中就设想了 1956 年的世界大战，世界主要城市都被原子弹摧毁；一类科幻则期盼人类掌握了核能科技，让能源变得源源不断，像阿西莫夫的经典科幻《基地》系列中，核能成了控制端点星周边四王国最好的武器，端点星把核能变成了一种宗教，用来控制四王国的居民。而在 1944 年，克里夫·卡特米尔的短篇科幻小说《最后期限》，因为设想一群科学家利用铀 -235 制造核裂变装置，而被美国联邦调查局调查是否涉嫌刺探当时原子弹研发的“曼哈顿计划”。2019 年，中国核学会与中核（北京）传媒文化有限公司联合举办了“开放式核科幻小说结局征集大赛”，专门征集与核能相关的科幻作品。

可再生能源则包括太阳能、水能、风能、生物质能、波浪能、潮汐能、海洋温差能、地热能等。这些能源在自然界可以循环再生，取之不尽，用之不竭，是清洁、绿色、低碳的能源。可再生能源中关于太阳能的应用，也是科幻中常见的话题。其中英国科幻作家阿瑟·克拉克的《太阳帆船》和刘慈欣的《中国太阳》都提到利用太阳能来驱动宇宙飞船。其中《太阳帆船》设想了利用“太阳风”来驱动宇宙帆船进行帆船比赛。而在 1964 年小说发表后不久，美国国家航空与航天局就着手对利用“太阳风”进行了可行性研究。当然利用太阳能最极致的想法莫过于戴森球计划。1960 年，美国物理学家戴森在《Science》杂志上提出了戴森球的想法：一个足够先进的行星文明，应该有能力建造一个球形结构，将自己和自己的恒星（太阳）包裹在里面，这样太阳的很大部分辐射能量就可以被采集起来，供该文明使用。此后人们就将这种想象中的球形结构称为戴森球。当然，目前关于戴森球的科学研究还停留在理论阶段，而关于戴森球的科幻产品则层出不穷，最有名的莫过于一款科幻游戏《戴森球计划》。

2023 年，重庆科幻作家萧星寒出版的《逐日——空间太阳能电站档案》则描绘了未来我国在太空建设空间太阳能电站的伟大设想，太阳能不仅得到充分利用，甚至还可以作为高端武器。空间太阳能电站是一项高效利用太阳能的未来科技。在地球大气层外的太空中建造空间太阳能电站，不仅不会受到天气、纬度以及昼夜交替的影响，发电效率也会大幅提高。我国在 2011 年就正式提出了空间太阳能电站发展“路线图”，这其中大功率、远距离无线传能技术一直是一个重要的技术难点。2019 年，我国首个空间太阳能电站实验基地在重庆璧山区启动建设，它所要解决的就是如何在太空将太阳能转化为电能，再通过无线能量传输方式传到地面的电力系统。按照规划，预计在 2025 年后开始大规模空间太阳能电站系统相关工作。真到了那一天，就是科幻变成现实了。

不过可再生能源受气候的影响非常大，在极端天气情况下，风电和光伏电站可能停摆。2021 年 2 月，美国得州大停电事件就是因为严寒造成可再生能源无法稳定输出。因此，为了应对不稳定的可再生能源，储能技术的发展就成为目前的一个新热点。

储能技术配套应用于可再生能源发电，可以提供削峰填谷服务以及平滑出力波动、跟踪预测曲线等功能，是解决可再生能源并网问题的有效途径之一。储能技术种类较多，以抽水蓄能和电化学储能为主。根据储能需求特性和时长要求的不同，储能技术大致可以分为容量型、功率型、能量型和备用型 4 种类型。其中，容量型储能一般要求连续储能时长大于等于 4 小时，例如削峰填谷场景或离网储能场景；功率型储能要求储能系统的连续储能时长在 15~30 分钟，例如储能辅助 AGC 调频或平滑间歇性电源功率波动场景；能量型储能介于容量型和功率型之间，一般为 1~2 小时的复合储能场景，要求储能系统能够提供调峰调频和紧急备用等多重功能；备用型储能在电网突然断电或电压跌落时，能够作为不间断电源提供紧急电力，一般要求持续时间不低于 15 分钟。长期来看，储能技术的应用对可再生能源项目开发至关重要。目前由于储能技术成本较高，从经济性角度无法有效刺激新能源电站主动配置储能系统；加之商业模式单一，缺乏储能与新能源的利益分配机制，因此风电或光伏配套储能项目仅在弃电上网标杆电价较高的少数地区具备竞争力，“可再生能源 + 储能”模式推广和被接受程度较低，相关储能项目仍以示范为主。

为了早日实现“碳达峰”“碳中和”，实现能源的自主和清洁可持续高质量发展，我们还将逐步形成清洁低碳、安全高效、多元互补的现代能源供给体系，同时努力探索利用地热能、风能、太阳能、核聚变等新能源。相信随着技术的发展，我们一定可以实现科幻小说中所描绘的绿色、低碳、清洁的未来，而《零碳中国》中全方位使用可再生绿色能源、实现温室气体净零排放的美丽中国也一定会早日呈现在我们面前。

第七章
人工智能与科幻

“让人类永远保持理智，确实是一种奢求。”

——MOSS（《流浪地球》中的人工智能）

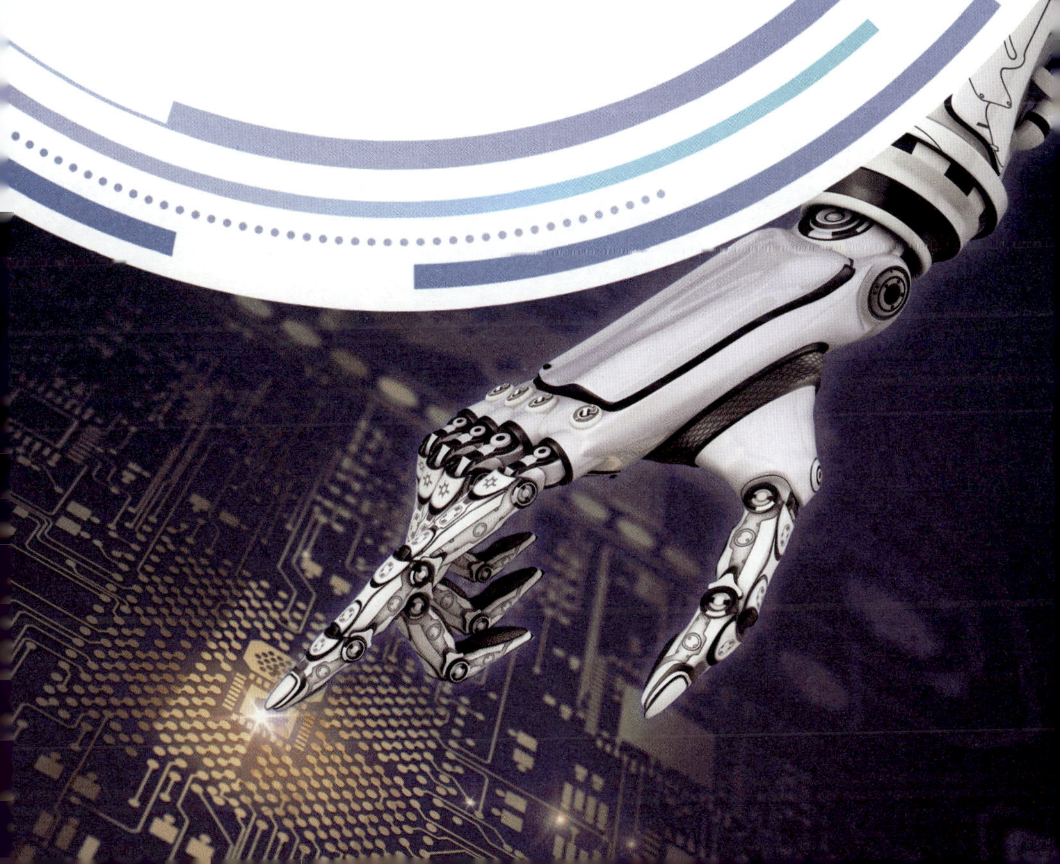

2023 年年初，MOSS 和 ChatGPT 两个人工智能让大家感受到现实与科幻的差距，也体会了人工智能降临的危机。2016 年，谷歌的围棋人工智能 AlphaGo 大胜当时的围棋世界冠军李世石，有人大呼“人工智能元年已经到来，人类的未来要被人工智能统治”。其实，一场围棋之战说明不了什么，早在 1997 年，电脑“深蓝”战胜当时的国际象棋世界冠军卡斯帕罗夫时,就已经有过类似的说法。但 20 年过去了，人工智能仅仅由国际象棋拓展到围棋而已。其实，更早之前就预见人工智能与人类之间对抗的，还是世界科幻大师艾萨克·阿西莫夫。他的作品《我，机器人》《钢穴》《裸阳》《曙光中的机器人》《机器人与帝国》早在 60 年前就设想了人工智能和机器人的出现，以及人类的应对策略。

机器人的历史

“人工智能”和“机器人”并不是一个概念。机器人的故事出现得更早。《列子·汤问》中就记载了“偃师献技”的故事，文中描述了在我国西周时代，一位巧匠偃师献给周穆王一个能合着节拍自动跳舞的木偶。此外，我国古代关于机器人的故事还有春秋时期鲁班的木制飞鸟、东汉张衡的指南车、三国时期诸葛亮的木牛流马等等。而在西方，公元前 3 世纪，古希腊发明家戴达罗斯用青铜为克里特岛国王迈诺斯塑造了一个守卫宝岛的青铜卫士塔罗斯（Talios），这也是机器人最早的概念之一。1495年，达·芬奇在手稿中绘制了西方文明世界的第一款仿人形机器人，它用齿轮作为驱动装置，不仅可以挥舞胳膊还可以坐或者站立。1768—1774年间，瑞士钟表名匠德罗斯父子三人设计制造出3个像真人一样大小的机器人，它们由凸轮控制和弹簧驱动，可以写字、绘图和弹风琴。

当然，这些机器人虽然能够在某种程度上减轻人的劳动强度，但是，由于缺乏动力源，这些机器人并不能真正地长期自动运行。直到1893年，加拿大人摩尔设计出能行走的机器人“安德罗丁”（Android），它以蒸汽为动力，标志着人类在机器人从梦想到现实这一漫长道路上，前进了一大步。“安德罗丁”又译“安卓”（Android），也是谷歌公司于2007年11月5日宣布的基于Linux平台的开源手机操作系统的名称。到了1928年，诞生了第一个人形机器人埃里克·罗伯特（EricRobot），内置马达装置，可以进行远程控制及声频控制。1939年，美国纽约世博会上展出了西屋电气公司制造的家用机器人Elektro，由电缆控制，可以行走，词汇量有700个，不过离真正干家务活还差得远，但它让人们对家用机器人的憧憬变得更加具体。1959年，德沃尔与美国发明家约瑟夫·英格伯格联手制造出第一台工业机器人，机器人才真正应用于工业领域，代替人自动进行某些工作。随后，英格伯格成立了世界上第一家机器人制造工厂——Unimation 公司。由于英格伯格对工业机器人的研发和宣传，他也被称为“工业机器人之父”。

人工智能的诞生明显要晚于机器人，虽然第一台真正意义上的通用电子计算机 ENIAC 在 1946 年就已经发明，而人工智能的诞生依然要到 10 年后。1956 年，以达特茅斯学院麦卡锡、哈佛大学明斯基、IBM 罗彻斯特等为首的一批有远见卓识的年轻科学家在美国达特茅斯学院一起聚会，共同研究和探讨用机器模拟智能的一系列问题，并首次提出了“人工智能”这个概念。也是在这次会议上，明斯基正式提出“智能机器”的概念，设想了人工智能与机器人的结合。但人工智能与机器人的真正结合则要等到 1968 年，在美国斯坦福研究所诞生了世界第一台智能机器人沙基（Shakey），它带有视觉传感器，还能根据指令去抓取积木。

科幻中的机器人

安卓（Android）一词最早出现于法国作家利尔·亚当在 1886 年发表的科幻小说《未来的夏娃》中，指代小说中的人形机器人。后来在小说中写出“机器人”这个词的是捷克科幻作家卡雷尔·恰佩克，他于 1921 年在名为《罗素姆万能机器人》的戏剧作品中创造了“robot（机器人）”这个名词。这个词源于捷克语的“robota”，意思是“苦力”。在该剧结尾，机器人接管了地球，并毁灭了它们的创造者。

阿西莫夫对机器人小说的最大贡献是，创造了“机器人三定律”，给机器人设立了规则，有效降低了机器人毁灭人类的可能。他在 1950 年出版的小说集《我，机器人》中系统阐释了“机器人三定律”：第一，不伤害定律。机器人不得伤害人类，也不得见人受到伤害而袖手旁观。第二，服从定律。机器人必须服从人的命令，但不得违反第一定律。第三，自保定律。机器人必须保护自己，但不得违反一、二定律。这三条定律在制造机器人的伊始便被嵌入其大脑，永远无法消除。

毋庸置疑，阿西莫夫的贡献是巨大的，其后的文学作品，如果不是专门讨论人工智能伦理问题，基本都会遵循该定律来叙事。在三定律的背后，是阿西莫夫为了确保人类的统治地位而设想的一种符合康德“绝对律令”伦理学的人工智能。

但“三定律”应用在复杂多变的现实社会，常常会捉襟见肘，有时甚至会引发自相矛盾的窘况。阿西莫夫本人也意识到这一点，因此对三定律的修改成为他后期作品的主线。

在《可以避免的冲突》中，机器人为了避免人类个体彼此伤害，便限制人类的行为，转由机器人掌控一切。这促使阿西莫夫补充了“第零定律”：机器人不得伤害人类整体，或袖手旁观坐视人类整体受到伤害。原先的三定律都要服从第零定律。但是，这条定律的最大问题就是：机器人如何权衡自己当下的行为会不会伤害人类整体？后来，其他学者也提出了修正建议，最著名的当属保加利亚作家狄勒乌（Lyuben Dilov）在小说《伊卡洛斯之路》中提出的“第四定律”：机器人在任何情况下都必须确认自己是机器人。

另外，机器人三定律也忽视了人类和机器人的情感问题。众所周知，人类的情感世界是非常复杂的。也许机器人保姆把某些人类抚养长大后，他们之间会产生类似亲情的感情，譬如阿西莫夫的小说《罗比》。不过，难能可贵的是，阿西莫夫在后期作品《两百岁的人》中打破了传统观念。小说描写机器人安德鲁为了成为真正的人，逐步将自己的机械零件替换成活体器官，终于在两百岁生日的弥留之际，以死亡的代价获得了人类的承认。

中国科幻中的机器人与人工智能

曾有人把《列子·汤问》中第十三篇《偃师造人》视为

中国第一部机器人科幻小说。那篇故事说的是周穆王西巡时，途中遇到偃师，偃师把自己造的机器人（实际是木偶）送给周穆王，结果这个木偶不仅可以唱歌跳舞，竟然还用眼神挑逗周穆王的妃嫔。周穆王大怒，以为偃师以人假扮木偶便要斩了偃师。偃师大惧，把木偶现场拆给周穆王看，周穆王才明白不过是皮革和木头做成的木偶而已。在此之后，中国古代还有很多关于“机器人”的文字描述:《南史·齐本纪》的《废帝东昏侯纪》中记叙了一匹“行动进退，随意所适”的木马；北宋沈括的《梦溪笔谈》记叙的“自动捕鼠钟馗”；唐朝张鷟的《朝野佥载》记叙了一个能自动行乞的木僧；还有一个县令制造了两个陪酒的机器人，最奇异的是鲁班制造的木鸢，可以骑上去飞往他国；明朝的《五杂俎》里记叙诸葛亮从妻子那里学会了制造木人，后来就造出了木牛流马搬运粮草。这些描述,“原理”可信而“实证”不足,夸张色彩很浓,分明属于“科幻家言”也。

改革开放之后，随着科技的发展，我国关于机器人的科幻层出不穷。如魏雅华于 1981 年 1 月发表于《北京文学》的《温柔之乡的梦》，小说讲的是一位青年科技工作者，为了解决单身问题，去机器人公司购买了年轻貌美的女机器人作为自己的新娘，由此产生了一系列啼笑皆非的故事。这是一部非常典型的机器人科幻小说，作者借鉴了阿西莫夫“机器人三定律”的模式，将机器人伦理引入科幻之中，并由此展开故事冲突。而与传统阿西莫夫机器人科幻小说不同的是，他还将当时我国的人口性别与婚姻问题也引入故事的讨论之中，机器人新娘的诞生是为了弥补男女性别失调，而将机器人当作配偶又可以减少婚姻之中的矛盾。

机器人和人工智能作为科幻的重要主题在中国科幻文学中占有非常重要的地位，像科幻电影《流浪地球》中的 MOSS 是近年来人工智能在中国科幻文学中的代表。近年来，中国科幻作品中涉及人工智能的也有不少。据不完全统计，在 2016 年、2017 年创作的科幻作品中，分别有 54 部长篇科幻作品出版，其中涉及人工智能题材的各有 15 部。在这些作品中，第八届全球华语科幻星云奖长篇作品，金奖韩松的《驱魔》、银奖迟卉的《2030・终点镇》都是和人工智能题材相关的。这充分说明了科幻作品对于人工智能发展的聚焦与关注。当然，现实中的人工智能关注的主题与科幻不同，如 2017 年和 2018 年世界人工智能大会的主题关注的是“深度学习、神经网络、计算机视觉、自然语言处理、人机交互”和“脑机融合、人工智能算法、大数据、智能图像、智能语音、智能驾驶、智能医疗”，而科幻小说中的人工智能主题则更多的是针对人与人工智能的冲突，这也可以充分说明科幻与科学的关系。

在大多数科幻小说家的认知中，科幻启迪了科学的发展。但在科幻小说与人工智能科学的关系中，我们可以看到科幻小说并不能真正推动人工智能科学的迅猛发展，但科幻小说一方面可以从人工智能发展中汲取众多的素材，另一方面也可以启迪人工智能研究者的创新思考。正如中科院院士、计算机专家倪光南评价乔赢创作的《康酷客（木）：若婵复活》一书所说："本书表达了中国智慧与西方科学技术的融合；把人类价值观中的爱和善及终极关怀等融入了人工智能。并首次提出了'人类Ⅲ''三脑'理论，对人工智能的研究很有启发意义。"而中科 863 高科技研究中心首席院士孔德忠也评价小说"揭示了人类未来人工智能和智能机器人的新哲学：1. 人工智能和智能机器人不是人类的对抗者，而是人类生命和智慧的延伸；2. 未来人类可以个性化选择'全新躯体'，实现'长生不老'和'起死回生'的梦想"。

回看涉及人工智能的科幻小说，它们没有太多论及人工智能的技术，而更多地关注与思考人工智能与人类之间的伦理问题，人类与人工智能的终极问题。这些问题虽然对现实的人工智能科学启迪不大，但从长远来看，必将影响人工智能的未来发展。下面以两部获奖作品为例作以分析。

第一部是韩松的《驱魔》。这部作品不仅获得全球华语科幻星云奖长篇作品金奖，还获得京东文学奖、首届中国科幻读者选择奖（暨“引力奖”）最佳长篇小说奖等，可以说是收获颇丰。这部科幻小说的科幻内核是，在大数据（书中的“算法”）、人工智能背景下社会的变化。它以独特视角深入思考了未来人工智能时代，在“大数据”控制下，对生命做出的颠覆性阐释。这部小说延续了他前两部《再生砖》《医院》的幽暗风格。但与《医院》不同，《医院》指向的是现行医疗制度存在的问题，而《驱魔》描绘了一个被超级人工智能控制的未来，这个超级人工智能则通过干掉病人来实现人类长生不老的愿望。在这部小说中，它涉及的未来技术有换头术、意识上载等等，但与现实中的人工智能技术并没有多少关联，它所反映的世界实质是假借人工智能的外壳，靠人类自身的异化形成的“反乌托邦”式社会。这部小说实际上隐喻了如果人类思想没有多少提升，技术进步带来的依然可能是末日。

第二部是迟卉的《2030·终点镇》。这部小说获得了全球华语科幻星云奖长篇作品金奖。故事讲述主人公凯玲因为连环杀人案回到了故乡终点镇，在寻找杀人凶手的过程中发现如影随形的人工智能艾丽才是背后真正的黑手。艾丽这部通过大量心理学家研究和基于对大量家庭数据分析创造出的人工智能，起初被用于医疗领域，后又被用于陪伴。它利用每个人的性格特点激发人本身的一些特质，甚至以“脑桥”来改变一个人的喜好。这部小说与《驱魔》不同的是，它涉及现实的人工智能医疗技术，同时设想了人工智能医疗技术因为使用不当产生异化，从而控制人类。这种设想目前在现实的人工智能医疗领域尚不存在，但确实是应该关注的方向。我们需要警惕人工智能技术异化带来的问题。

这两部作品较好地反映了科幻小说与人工智能技术之间的关系，一种是科幻小说借用人工智能的外壳讲述一个与科技伦理有关的故事，生存、死亡、斗争穿插其中，社会异化、控制、反控制变幻其间，人工智能在这里是可以替换的存在；另外一种是科幻小说深度参与人工智能技术的发展，探讨人工智能技术中的种种问题，以及我们该如何应对这些问题。

我国的机器人产业发展

虽然我国机器人科幻在古代就有了雏形，但我国的机器人产业起步较晚，不过这些年进步很快，特别是在智能机器人方面。国内最早从事机器人研究的主要有中科院沈阳自动化所、哈尔滨工业大学、上海交通大学等。现在的新松机器人（起源于沈阳自动化所）、博实机器人（起源于哈尔滨工业大学）是国内机器人制造的佼佼者，产品在工业领域得到了应用。近年来，以百度、阿里为首的新型计算机信息化企业，也将目光转向智能服务机器人的研制。著名房地产企业碧桂园也在大力发展机器人，2020 年 6 月 22 日，碧桂园的机器人餐厅开业，采用了其研制的迎宾、送餐、煎炸、甜点、汉堡、调酒等各种机器人进行服务。

在全球范围内，由于信息技术和各种新应用的拉动，给机器人的发展带来了很大的动力。中国经济发展已经进入了新的转型期，正在从制造大国向制造强国转换，机器人在自动化方面会对制造业转型产生巨大的带动作用，这也是机器人在中国发展迅速的重要因素。

2015 年 5 月，中国发布了《中国制造 2025》，围绕重点制造领域的关键环节，明确将机器人与高档数控机床列为大力推动的十大重点领域之一，要求围绕汽车、机械、电子、危险品制造、国防军工、化工、轻工等工业机器人、特种机器人，以及医疗健康、家庭服务、教育娱乐等服务机器人应用需求，积极研发新产品，促进机器人标准化、模块化发展，扩大市场应用。“2015 年世界机器人大会”指出以机器人科技为代表的智能产业蓬勃兴起，成为当代科技创新的一个重要标志。

2016 年 4 月，《机器人产业发展规划（2016—2020 年）》明确提出 2020 年自主品牌工业机器人年产量达到 10 万台，服务机器人年销售收入超过 300 亿元。

2019 年我国机器人销售额近 608 亿元，主要以工业机器人为主，工业机器人比例达 66%，市场规模近 401 亿元。服务机器人比例为 25%，特种机器人比例为 9%。我国工业机器人连续 7 年成为全球第一大应用市场。

2019 年，在我国无锡诞生了当时世界运算速度最快的超级计算机，其运算峰值为 12.54 亿亿次 / 秒，这个速度目前排在世界第二。虽然在计算机研发方面我们和世界相差不远，但人工智能研究方面我们还有很大差距。

2023 年，微软语言人工智能 ChatGPT 横空出世，受到了全世界的关注，而我们国家虽然也有讯飞语音、百度文心等类似产品，但用户体验与关注度仍有差距。所谓任重道远，还需努力前行。当然随着我国机器人和人工智能技术的迅猛发展，由谷歌带来的神经网络深度学习技术以及由科大讯飞带来的智能语音技术必然会带来社会的深层次改变，而我国科幻事业也必然会随之改变，同时也会促进人工智能技术和伦理的迅猛发展。

下编

《流浪地球》
——中国科幻电影黄金时代的开启者

著名科幻作家刘慈欣在重庆参加第九届全球华语科幻星云奖颁奖时表示，随着 2019 年春节《流浪地球》《疯狂外星人》等一批优秀科幻电影的上映，中国科幻电影的黄金时代可能会在 5 年左右的时间到来。这是对中国科幻电影崛起充满信心的誓言，也是中国科幻产业开始屹立世界之林的正式宣言。那么《流浪地球》又有哪些独特的地方吸引了中国的影视圈，代替《三体》，成了中国科幻电影黄金时代的开山之作？下面，我将为大家简单介绍、分析这部优秀的科幻作品。

《流浪地球》发表于《科幻世界》2000 年第 7 期，故事梗概是太阳即将走向死亡，成为一颗红巨星，人类为了避免灭绝，将地球改造成一艘超级“宇宙飞船”，带领人类逃离太阳系，寻找合适生存的星系。这一改造以地球为载体，灼

《流浪地球》

作者：刘慈欣

出版社：四川科技出版社

出版年：2019 年

内容简介：太阳即将死去，吞噬掉地球。科学家决定让地球停止转动，然后启动地球上 12000 台行星发动机，让地球逃出太阳系，去其他星系安家落户。经过木星时，为了防止地球被木星引力撕碎，中国航天员驾驶着空间站，飞向木星，牺牲了自己。最终使地球脱离了木星的吸引，继续踏上寻找新家园的道路。

烧地球的石头，推动地球发动机，并依据逃亡计划的步骤，划分了 5 个时代：地球发动机让地球停止自转的“刹车时代”、人类脱离太阳引力的“逃逸时代”、地球加速飞向最近的恒星——半人马座比邻星的“流浪时代”，以及最后，地球成为比邻星的行星的“新太阳时代”。故事的时空跨度包含了人类移民外星系的 2500 年。而故事的主人公“我”则是一个出生在“刹车时代”终结，“逃逸时代”开始的人类，“我”记录并讲述着人类在“逃逸时代”和“流浪时代”中面对极寒交替，地下熔岩喷发的恶劣生存环境所做的种种努力。

刘慈欣身上蕴含了很多中华民族的特征，如不离故土、农业文明与工业文明的融合与冲突。在《流浪地球》这部小说中，他很明显地表露出不离故土的农业文明色彩，在文明灭绝之时，即使流浪也要带着地球一起去，这在地球末日题材的小说中也是独树一帜的。很多作家在描写逃离地球末日时，通常会用时空穿越、星际殖民、人体冷冻等方式，但直接把地球变成一艘宇宙飞船，刘慈欣算最特别的一个。

另外，刘慈欣也是一位世界知名的科幻作家。正是因为他的创作带有独特的中国特色，才能赢得世界上众多科幻爱好者的喜爱。他在《流浪地球》中对于人性的把握尤其明显，人类在漫长的“逃逸时代”对太阳灭亡的理论产生了怀疑，“怀疑派”发起了推翻地球政府代表的“地球派”的叛乱，就在此时，象征太阳灭亡的“氦闪”发生了，而“怀疑派”与“地球派”之间的斗争可以说是《三体》里“降临派”与“拯救派”的故事预演。

当然，《流浪地球》之所以能成为中国科幻电影黄金时代的开山之作，除了以上特点外，还有以下特点：故事简单、主角鲜明，而不像《三体》故事线众多、人物角色不特出；特效团队与拍摄团队有效融合，让我们充分感受到地球停转时大气磅礴的气势，以及“地球派”站在冰封海面上视死如归的精神。于是，2019年的春节，我们看到这部作品，也见证了中国科幻电影黄金时代的到来。

《上海堡垒》只是让我们看到了科幻的另一面

2019年是中国科幻电影黄金时代的开启之年，有两部电影值得我们铭记，一部是春节期间上映的《流浪地球》；另一部是8月份上映的《上海堡垒》。网上有种说法，“《流浪地球》打开了中国科幻的一扇门，《上海堡垒》又给关上了”。当然，中国科幻电影的门没那么容易被关上，《上海堡垒》也不是真的差到一无是处，首先，让我们回到文本，看看《上海堡垒》这部小说吧。

《上海堡垒》的作者江南原名杨治，毕业于北京大学，是著名的幻想类IP“九州”的创始人之一，曾获“2013年中国作家富豪榜首富”称号，代表作有《此间的少年》《九州·缥缈录》系列、《龙族》系列等。《上海堡垒》是他2009年出版的一部科幻小说，内容说的是2020年，外星人德尔塔入侵地球，上海等地拼命抵抗。主人公中尉江洋和他的战友们在上海堡垒里操作泡防御保护上海，但因为能源问题，堡垒随时可能被攻陷。抵抗中，江洋陷入了暗恋上司林澜以及喜欢自己的路依依之间的三角恋。最后，在战友们的帮助下，主人公成功击溃了德尔塔外星文明的入侵，成长为一个成熟的指挥员。

作为一个以校园青春小说《此间的少年》出道，又以《九州·缥缈录》奇幻小说成名的作家，江南写的科幻小说《上海堡垒》也充满了浓浓的青春气息和奇特的想象。所以从严格意义上说，《上海堡垒》并不是一部传统的硬科幻作品，更像是一部披着科幻外衣的校园怀旧言情小说，其中充斥着大

《上海堡垒》

上映时间：2019 年

内容简介：未来世界的外星黑暗势力突袭地球，上海成了人类最后的希望。大学生江洋追随女指挥官林澜进入上海堡垒，成为一名指挥员。外星势力不断发动猛烈袭击，林澜受命保护击退外星人的秘密武器，江洋和几个好友所在的灰鹰小队则要迎战外星侵略者，保卫人类的最后一战最终在上海打响。

量感情纠葛，穿插着对 21 世纪头 10 年的怀念，如电影中出现了人们集体打帝国游戏、不能上网的翻盖手机等情节。而所谓的科幻外衣又借鉴了 20 世纪 90 年代流行的美国科幻动画《太空堡垒》的设定，所谓的仙藤就是《太空堡垒》中的生命之花、史前能量；而“泡防御”是太空堡垒防护盾的提升版。主角驾驶的 F16 战机可以说是对《太空堡垒》第一部的完美再现。另外，电影中主角三兄弟江洋、潘涵田、曾煜又暗示了当年的九州三天神：江南、大角（潘海天）、今何在（曾雨）。不过,虽然《上海堡垒》是对《太空堡垒》的致敬，但是《太空堡垒》中瑞克·卡特成长为一个上将是有过程的，经历了数十集的演绎和跨太空战斗洗礼。而在《上海堡垒》故事中，一次战斗就让中尉变成了将军，缺少成长的过程，逻辑上实在说不过去。或许是因为作者把太多的个人情感投入了这部小说中，这是他自己的回忆录，而最后故事草草结尾也只是为了让回忆尽快结束。

最后，我们再回过头说说这部电影，其实这部电影还是有一定水平的，票房也不应该如此差。现在的票房不如预期的原因有如下几个：一是《流浪地球》给了普通观众过高的期望，《上海堡垒》打破了这种期望；二是《上海堡垒》自己没有做好定位，编剧、选角、宣发上都存在一定问题；三是科幻片本来就是从 B 级片起家，世界科幻影片史上就有很多不叫座的电影，票房不如人意也在意料之中。所以既然《上海堡垒》让我们看到了科幻的另一面，也希望今后的科幻电影能引以为戒，做好定位，认真筹备，切莫草率“上马”。

《独行月球》为中国科幻大片找回了信心

最近有报道称，过去7年，影视行业上市公司总市值缩水了70%，2015年，影视行业29家上市公司总市值共6848亿元，是当时贵州茅台总市值的2倍。而到了2022年，37家上市公司总市值2154亿元，是贵州茅台总市值的十分之一。当然，简单用上市公司的市值相比未免有失偏颇，但影视行业的衰落确实是有目共睹的。特别是2019年疫情以来，电影行业市场一路下滑，虽然也有《长津湖之水门桥》《你好，李焕英》这样票房、口碑俱佳的大片，但相对2019年642亿的电影票房，2021年的电影票房只有472亿元。而2022年暑期档，即使有《独行月球》这样的佳片，也没有突破100亿元。

电影《独行月球》的档期曾从新年档调到春节档，又从春节档一直拖到了暑期档。暑期档期间也是沾了7月份疫情防控的利好，才能有幸冲到31亿票房，在当年这种特殊情况下，也实属难得。特别是从中国科幻电影发展的角度来看，《独行月球》应该是为中国科幻片找回了信心，也是中国的科幻片可复制的模式。

早在2019年，就有人说，《流浪地球》为中国科幻电影打开了一扇窗，而《上海堡垒》则把这扇窗给关上了。虽然实际中也没有那么夸张，但《上海堡垒》确实打击了想投资中国科幻电影投资人的信心。不过，依然还有很多有志于拍摄科幻电影的热心人在潜心科幻电影的拍摄，如宁浩、贾樟柯

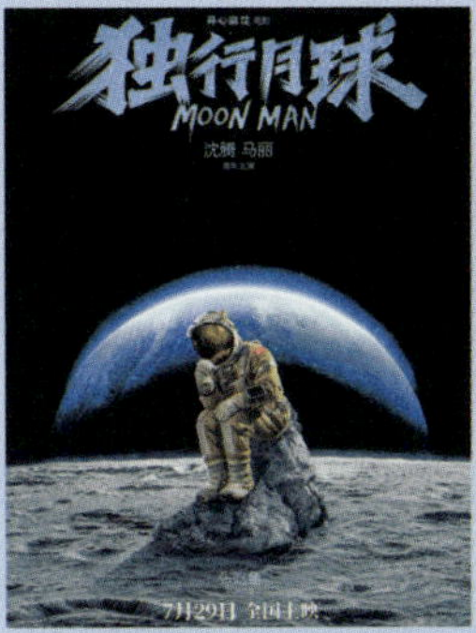

《独行月球》

根据韩国漫画家赵石创作的同名漫画改编

上映时间：2022年

内容简介：科学家发现，一颗巨大的小行星正向地球袭来，人类即将遭遇灭顶之灾。为了挽救这场危机，人类提出了大胆的“月盾计划”。某天，陨石群提前到达月球表面，驻守月球的人类急速撤离，却偏偏将航天员独孤月遗忘在这里。荒凉的月球上，除了独孤月外，还有一只脾气并不太好的袋鼠。在遥远的绝地，独孤月和袋鼠展开了别开生面的求生之旅。

拍摄了《地球最后的导演》《宇宙探索编辑部》等等，这些都是小制作的影片。《独行月球》的上映,再次为中国科幻电影,特别是中国科幻大片树立一个标杆，也为影视公司投资科幻电影重新树立了信心。

对这个中国科幻大片的标杆，我的理解有 3 个层面。

第一个层面就是科幻片应该有的科学理念，能够逻辑自洽，自圆其说。为了保证电影的科学性,《独行月球》从拍摄开始就与中国科普作协科学与影视融合专委会合作，并且专门聘请了科学顾问进驻拍摄场地。这也保证了这部科幻电影中展现的科学细节非常真实，从太空中月球车发出的声音，到月盾计划基地的所在地，以及美国人留在月球的机器狗，还有为了保证月球车始终处在阳光下进行的南辕北辙式环绕月球之旅，所有的这些细节都经得起科学理论的检验。

第二个层面就是科幻片应该有故事内核，充满想象而引人入胜。《独行月球》的故事改编自韩国漫画家赵石的同名漫画，经过开心麻花团队的精彩改编，呈现出非常精彩的科幻喜剧效果。比如漫画中独孤月是一名动物学家，饲养袋鼠其实是为了给月盾基地的人类供给肉食。而电影中为了呼应改造“阿波罗 18 号”返回舱,把独孤月的身份改成维修工程师，同时为了电影的喜剧效果，保留了袋鼠。此外，电影中还有很多致敬经典科幻电影的场景，如：“阿波罗 18 号”返回舱其实只存在于科幻电影《阿波罗 18 号》中；地球上的人类为了引起独孤月的注意共同把手电筒举向了天空，与《流浪地球》中行星发动机共同指向木星如出一辙；追逐太阳的环绕月球之旅也是参考了科幻作家杰弗里·兰蒂斯的科幻小说《追赶太阳》；金刚鼠和独孤月在月球上腾空飞起的画面也是致敬《E.T》中的经典桥段；另外还有致敬《异形》《2001 太空漫游》《X 战警》《终结者》等经典科幻的精彩场景。当然这些经典场面都是为了讲好这个故事而服务，没有去喧宾夺主。

第三个层面就是好的科幻片需要精彩的特效，这样才能调动起观众的肾上腺素。《独行月球》之所以能够打动大家，最重要的是因为它的特效没有违和感。现在有很多科幻电影导演为了避免使用更多特效，转而选择拍摄软科幻，比如现在一些电影和电视喜欢用时空穿越和时间循环的概念，这种投机取巧的方式也失去了创造中国科幻大片的可能。《独行月球》在这一点上并没有投机取巧，而是充分吸收了《流浪地球》《疯狂外星人》等电影的经验，邀请了 MORE VFX、九维映画、和光羿像、猿人影视等多家国内特效公司联合制作完成。宇航服的制作也聘请了专业宇航服戏服制作的 MDI 工作室来完成，还有金刚鼠的脸部捕捉技术和三维建模也是邀请了专业团队来完成的。可以说，没有这些专业特效团队的加持，也就没有《独行月球》的成功。而曾几何时，另外一部万众期待的国产科幻电影之所以会流产，问题也是出在了特效上。

最后还要补充的是，开心麻花团队的主导也是这部电影可以点燃暑期票房最重要原因，成熟的制片、编剧、发行流程，《夏洛特烦恼》《西虹市首富》《羞羞的铁拳》《这个杀手不太冷静》等电影开创了良好的口碑和成熟的制作发行渠道，《独行月球》的成功也就水到渠成了。

2022 年暑假，《独行月球》这部电影的票房叫好成功找回了中国科幻电影的信心。好的科幻大片要有一定的科幻理念、科学概念要能逻辑自洽、特效可以无违和感地完全展现。在暑假这个合家欢的档期可以让大家观影时肾上腺素飙升，最后既有笑点又有泪点，那么这部影片就成功了。相信《独行月球》之后，一定还会有更多、更好的中国科幻大片再创佳绩。

从《流浪地球》到《流浪地球 2》，中国科幻电影进步了多少

还记得我看《流浪地球》第一部是在疫情发生前，4 年前的春节，在朋友圈转发了无数的推荐、写了 3 篇影评，满腔热血地为《流浪地球》叫好。在中国电影市场、中国电影人和影迷都经历了艰难的 3 年后，2023 年，我们终于在影院看到了《流浪地球 2》，感觉非常不容易，同时，我们也看到了中国科幻突飞猛进的进步。

《流浪地球 2》开场就有巨大的太空电梯镜头，还有围绕太空电梯的空战以及月球塌陷镜头，等等。这些特效大约有 3000 多个视效镜头，同时还额外增加了 1000 多个面部视效镜头，让去世的吴孟达老师再次出现在镜头前，以及片尾出现的年轻的刘德华，都采用了面部视效镜头。

而这些特效约 90% 由国内公司制作完成，如参与过《流

《流浪地球 2》

上映时间：2023 年

内容简介：《流浪地球 2》是《流浪地球》的前传，故事描述了太阳发生氦闪，即将吞掉地球，为了保护地球文明，联合政府想到了几个方案：一是数字生命计划，二是方舟计划，三是逐月计划，最终，以上三种计划破产，科学家开启了流浪地球计划。

浪地球》《独行月球》的江苏企业 MOREVFX（墨境天合）就是其中的佼佼者。MOREVFX 承担了《流浪地球 2》2003 个特效镜头制作中的 800 多个视效镜头。而特效之所以能有如此质量，也是因为 4 年前《流浪地球》的精彩实践——既学习了国外特效技术，也吸引了众多国产特效公司参与其中。

在这 4 年中，这些特效公司生产了《刺杀小说家》和《独行月球》等大片的精彩视效，也为今日《流浪地球 2》做了精彩准备。

此外，为了让“移山计划”更加真实，《流浪地球 2》还邀请了同样来自江苏的徐工集团提供了众多工程装备。据报道，徐工集团先后投入了 42 款 61 台主机设备、400 多套零部件及车间道具、61套三维模型、319名工作人员，在起重、土方、道路、高空、环卫、安全及应急救援等成套化设备上提供了相应的保障方案，为“移山计划”的展现提供了硬核保障。

当然，有了特效保证，它也不一定是一部好电影。《流浪地球2》之所以能吸引大家，还在于剧情和故事架构十分精彩。

《流浪地球2》的故事架构一方面要衔接第一部，作为前传要对应上第一部里的情节；同时，还要补充完整小说中没有展开的故事；另外，还要为第三部打下伏笔。从这一点上来说，第二部的故事叙事要做到承上启下。

同时，为了解释“流浪地球”计划，电影还补充了“数字生命计划”“移山计划”“逐月计划”“方舟计划”。这4个计划对“流浪地球”计划的产生做了非常好的铺垫。“数字生命计划”的废弃导致太空电梯遭到恐袭，而太空电梯的毁灭也导致“方舟计划”提前失败以及“逐月计划”的启动。最终，“逐月计划”失误，导致了“移山计划”提前开启。随后，“移山计划”改名为“流浪地球”计划。

这些故事情节，一方面推动了整体故事的发展；另外一方面，太空电梯遭到攻击、月球行星发动机过载等这些危机，也保证了电影每隔一段时间就会有一个矛盾产生，这保证了观众观影3个小时也不会枯燥。

片尾的彩蛋暗示了《流浪地球》还会有第三部。第三部有可能围绕2078年的氦闪危机以及前几次危机的背后黑手MOSS而展开，可能会有小说中地球联合政府和反叛军的剧烈争斗，相信故事会有更精彩的后续发展。

另外，为了故事的科学性，《流浪地球2》剧组还聘请了中科院科学家担任科学顾问，为整个故事做支撑。

当然就故事的整体结构而言，全篇也并不是没有漏洞，比如291个航天员自我牺牲点燃核弹，这个情节非常有泪点，但刘培强飞回空间站就有些牵强。不过瑕不掩瑜，这部分一闪而过，并不影响整部电影的剧情。

有了故事和特效还不够，最关键的是这部电影所传递的价值观。

影片中金句不断，比如李雪健所说“团结，延续着人类文明的火种”。而团结也回应了第一部电影中的核心，正是全球救援队的中外志愿者，面对危机时众志成城才成功点燃行星发动机，引爆木星气体。而第二部关于人类命运共同体的构建也阐释得非常到位，特别是为了引爆月球核弹，那句“中国航天队，50岁以上的出列”，让人泪目。还有那句“无论结果如何，我选择希望”以及对第一部的回应“希望是像钻石一样珍贵的东西”，这种希望不仅影响了电影剧情的走向，同时让观影的观众感同身受。这几年，疫情带给人们的最大伤害是对未来的不确定性，而希望就是对未来最大的确定性。

有了希望，未来才有盼头，投资才有回报，计划才有可能实现。而如果失去了希望，我们也就失去了对未来的期望，我们不敢投入，也就缺失了发展的机遇。这也许是疫情 3 年之后看到《流浪地球 2》的最大感受——我们要重新找回对未来的希望和确定性，相信未来一定会更好。

从生态帝国主义的视野看《阿凡达》

最近，詹姆斯·卡梅隆导演的《阿凡达：水之道》乘势上映，斩获了全球8亿美元的票房，非常有机会再续《阿凡达》的前缘，进入全球票房前10行列。一直以来有种说法，《阿凡达》致敬了《与狼共舞》，只不过将美国白人对印第安人的掠夺改编成地球人对潘多拉星纳美人的掠夺。如果简单从故事的发展来看，《阿凡达》的结构确实有点类似《与狼共舞》，而且在电影中，纳美人与印第安人的造型也非常相似。不过，如果从生态帝国主义的视野去观照《阿凡达》以及最新的《阿凡达：水之道》，我们会看到它们之间更多的联系与印证。

生态帝国主义一词，最早出现在阿尔弗雷德·克劳斯比1986出版的《生态帝国主义：欧洲生物扩张900—1900》

一书中。他在书中描述了欧洲殖民者来到殖民地后，通过引进外来物种、传染病菌给当地生态及原住民所带来致命灾难的故事。生态马克思主义的代表人物美国学者约翰·贝拉米·福斯特教授则将生态帝国主义引入到经济学和政治学范畴。他指出，生态帝国主义是资本主义发展的产物，是资本扩张的必然结果。生态帝国主义掠夺世界资源并改变了各个国家所依赖的整个生态系统——他们制造和利用生态脆性来强化帝国主义对世界的控制，向发展中国家或公域倾倒有害废物。在2019年的《人类世的帝国主义》一文中，福斯特教授从“帝国主义租金”“物质足迹”“海洋掠夺”“能源帝国主义”等概念出发，对当代生态帝国主义

《阿凡达：水之道》

上映时间：2022年

内容简介：杰克和奈蒂莉组建了家庭，他们的孩子也逐渐长大，为这个家庭带来了许多欢乐。然而危机未曾消散，萨利一家拼尽全力彼此守护、奋力求生，最终来到潘多拉星球临海的岛礁族寻求庇护。岛礁族首领特诺瓦里与罗娜尔为萨利一家提供了庇护所，这个部族的成员都是天生的潜水好手，也和海洋中的各种生物建立了密切联系。

进行了严肃批判。仔细研究福斯特教授借鉴的“帝国主义租金”和“海洋掠夺”概念，你会发现它们与《阿凡达》第一部和第二部相互印证。其中第一部与“帝国主义租金”关联性高，第二部与“海洋掠夺”关联强。甚至，我们能够大胆推测出卡梅隆第三部《阿凡达》会拍摄什么内容。

“帝国主义租金”由两部分组成，其中一部分源自跨国公司和帝国主义国家攫取发展中国家的自然资源和侵犯其相关主权。福斯特等人指出，这种形式就是使用价值从外围转向中心的过程，是一个生态帝国主义扩张的过程，在这个过程中，随着资源的开采，贫穷国家会被毁掉，它们不仅面临着资本对领土“自然界馈赠”的攫取，还要担负资源开采的高昂生态成本。全球南部几乎所有的自然资源，无论是黄金、鸟粪、石油、咖啡还是大豆，都被跨国公司不同程度地洗劫了一番，给这些贫穷的国家造成了巨大的生态和经济双重损失。在《阿凡达》中，地球矿产公司为了开采可以飘浮的矿石，要把世代居住在森林中的纳美人从森林中撵走，这就是“帝国主义租金”的第一步，纳美人世代拥有的自然资源被地球矿产公司代表的跨国公司所洗劫。而如果纳美人抵抗失败，被矿产公司驱逐出森林，那就会面临第二步更严重的后果，原始森林和纳美人的家园被大火烧毁，潘多拉星球面临严重的环境破坏和生态危机。但幸运的是，纳美人成功抵抗了矿产公司掠夺，没有走到第二步。

生态帝国主义的“海洋掠夺”是一个发生在封闭海洋公共区域的资源掠夺过程。福斯特指出，生态帝国主义在过去的几个世纪，通过各种巧取豪夺和剥削对第三世界国家的殖民地直接或者间接地实行了生态和资源掠夺。而现在，他们已经不满足于对原材料的资源掠夺，他们将手伸向了全球公共领域——海洋。特别是1982年国际海洋法通过以来，西方英、美大国控制着比自己领土还要庞大的海洋面积，他们利用海洋管理私有化制度控制、利用弱小国家，利用跨国公司进入这些国家，过度开发渔业和海底资源。在《阿凡达：水之道》中，地球人在潘多拉星的海洋捕获巨大的图鲲，就犹如某些大国利用规则漏洞进行捕鲸。而且，潘多拉上捕鲲所用的各类武器与地球上的捕鲸并无二致，定位器、巨型标枪、浮力球，这些都是典型的捕鲸工具。而对于最后捕获的图鲲，地球人既不要它的肉，也不要它的油脂，只是为了摄取图鲲脑子中的脑黄金腺体来延缓衰老。这与19世纪的捕鲸非常类似，欧美人为了女子束胸衣上的鲸须裙撑以及点亮街道路灯的鲸油，杀死了大量的鲸。现在，鲸已经成为世界级的保护动物，但日本人还打着科学研究的幌子每年捕杀大量的鲸。如果你感受了电影中猎杀图鲲的残忍和暴力，你就能明白现实中捕鲸多么不人道。在电影中，图鲲被描述得与鲸一样，具有高等智慧，它们不仅可以与纳美人进行语言交流，还可以连接艾娃的记忆，并能够与纳美人分享他们的经历，成为精神的共生体。现实中，鲸与海豚都是非常高级的生命，但获得奥斯卡纪录片的《海豚湾》，记录了人类对海豚的残忍杀戮，表现出人类中心主义的盲目和短视。

面对生态帝国主义的丑恶嘴脸，福斯特教授指出首先必须反对和批判，生态帝国主义是对人类生存的威胁，并且是一种过时的制度，因而需要展开一场致力于生态可持续性和实质性平等即社会主义的反生态帝国主义运动。当然，仅仅批判是不够的，福斯特教授还运用“物种意识”和“反抗灭绝”这两个概念提出了反对生态帝国主义的主客观路径。他认为，主观方面的途径就是人类意识转向，在对人类作为一个整体的认同并与其他物种平等的基础上形成“物种意识”。这其实也就是《阿凡达》电影中所提到的反人类中心主义和“盖娅假说”,即把人类、纳美人以及其他物种平等相待。同时，电影中把潘多拉星看作是一个生命体，而各个部落的生命之树又犹如潘多拉星与纳美星人的通讯站一般，他们在生命之树中交流融汇合而为一。而客观方面的途径则是反帝国主义革命和生态革命的双管齐下，福斯特教授指出，面对当前的存在危机，如果没有从大量受苦的人类中汲取力量的反帝国主义革命，就绝不会有真正的生态革命。他特别指出：“穷人将继承地球，否则就没有地球可继承。”而这在电影中就是纳美人对地球人的全面抵抗，当然有些可惜的是，在第一部中，我们尚能看到主人公杰克带领纳美星人反抗地球矿产公司的掠夺，在第二部中杰克受困于生儿育女的儿女情长，反而选择了退缩和逃避。不过我相信在第三部，必然是潘多拉星与纳美人对地球人的全面反抗与革命。

回到《阿凡达》第三部的内容。如果说第一部是在大地掠夺矿产，第二部是在海洋捕杀图鲲，第三部也许就是潘多拉星的气候变化和环境全面破坏。其实在福斯特教授的文章中也指出，气候变化全球变暖又会加剧全球的经济不平等，全球变暖等气候变化将使一些贫穷的发展中国家变得更穷，而那些西方富裕国家则不受影响，或者变得更富。所以从改变气候和全面破坏潘多拉星的环境入手也许会是第三部最好的主题。不过到此，也只会迎来纳美人彻底的抵抗与更坚决的革命作为回应。

看尽一生又该如何抉择
——姜峯楠和《你一生的故事》

2017 年春节前夕，一部美国科幻电影在中国上映，虽然它在全球收获 1.6 亿美元的票房，但在中国最终只收获人民币 2.2 亿元。这部科幻电影就是《降临》，它改编自美国华裔科幻作家特德·姜的科幻小说《你一生的故事》。当年，在芬兰世界科幻大会上，这部科幻电影获得了雨果奖最佳戏剧表现长片的殊荣。

特德·姜，中文名姜峯楠，1967 年出生于美国纽约，毕业于布朗大学计算机科学系，是美国当代最优秀的华裔科幻作家之一。1989 年，他参加了培养科幻作家的写作坊“克莱里恩工作坊”，1990 年发表了第一篇科幻小说《巴比伦塔》，并荣获当年的星云奖。此后，他先后发表了《领悟》(1991)

《除以零》（1991）《你一生的故事》（1998）《七十二个字母》（2000）《人类科学之演变》（2000）《地狱是上帝不在的地方》（2001）《赏心悦目》（2002）《前路迢迢》（2005）《商人和炼金术士之门》（2007）《呼吸》（2008）《软件体的生命周期》（2010）《达西的新型自动机器保姆》（2011）《双面真相》（2013）和《大寂静》（2015）等中短篇科幻小说。虽然在20多年的创作生涯中，他只有这十几部作品，却几乎拿遍了英语科幻文学界的所有大奖，并4次斩获雨果奖和星云奖。

《你一生的故事》创作于1998年，创作当年就荣获星云奖和斯特金奖。这部小说中的故事简单而又充满哲理：外星人七肢桶来访地球，主人公作为语言学家学习和掌握了七肢桶的语言，结果在学习七肢桶语言时，她竟然还学会了外星人感知世界的方式——穿越时空看清自己一生的能力。正如作品所描述的："一瞥之下，过去与未来轰然并至，我的意识成为长达半个世纪的灰烬，时间未至已成灰。我的余生尽在其中。"那么，如果真的看尽了一生，我们又该如何抉择？小说和电影分别给出了两种选择。小说中，当女主人公知道自己的女儿未来会因为爬山而摔死后，从女儿出生开始就禁止她攀登高处，结果越禁止越挡不住，女儿反而喜欢上了攀登，最后如她所预见的一样，女儿死于登山。在电影中，女儿死于不可医治的疾病，再加上女主人公彻底接受了七肢桶目的论的思维方法，她对女儿的病死坦然接受。但女儿死后，她觉得更加痛苦和悲伤。这也许就是人类和七肢桶们最大的区别。作为接受因果论的人类而言，有因必有果，任何事物在发生之前都是未知的。而对七肢桶们而言，世间的结果他们都已知晓，他们的一生让早已看到的结果正常地发生。

我们无法对目的论或者因果论做出价值的判断，但我们可以做出抉择。这种抉择也许是痛苦的，也许是无奈的，但一旦做出就无法更改。不过作为人类的我们，也许还是不想提前知道一生的结果，因为一旦什么都已知晓，那么现在的努力与否似乎就失去了意义；而如果不知道结果，就会心存希望，这才是人生的意义。

这部小说的故事设定非常巧妙，他将不同的时空叙事穿插在正常的叙事中，可谓别出心裁，既让人奇想联翩，又让人思考无尽。

科幻现实主义的代表作
——陈楸帆的《荒潮》

曾任世界华人科幻协会会长陈楸帆为我国青年科幻作家的领军人物，他曾被誉为中国新一代科幻作者中最具国际视野与本土经验的新锐人物。

陈楸帆 1981 年出生于广东汕头，1997 年参加《科幻世界》组织的少年凡尔纳（校园科幻）大赛并获得一等奖，2000 年考入北京大学并担任北京大学科幻协会会长，之后陆续发表《丽江的鱼儿们》《鼠年》《霾》《递归之人》，出版《星云 IV. 深瞳》一书。2012 年后，相继发表短篇小说《动物观察者》和《沙嘴之花》《天使之油》《造像者》。同年 8 月，他在《最幻想》连载《荒潮》,并于 2013 年推出单行本。同年，他的作品在第三届全球华语科幻星云奖评选中荣获最佳长篇小说金奖，他本人也荣获最佳新锐科幻作家银奖。作为中国

《荒潮》

作者：陈楸帆

出版社：上海文艺出版社

出版年：2019 年

内容简介：在不久的未来，一座被卷入全球化浪潮的电子垃圾岛上，一个来历不明的义体引起一个小女孩的突变，而这背后，是一条上万亿的利润分配链和当地三大家族的血腥斗争。

科幻作家，他的作品被翻译成其他语言发表于《奇幻与科幻》杂志、《克拉克的世界》《光速》等，《丽江的鱼儿们》更是获得了第二届科幻奇幻翻译奖最佳短篇奖。2017 年，他被推选为第二任世界华人科幻协会会长。

2012 年全球华语科幻星云奖颁奖时，陈楸帆说过，“科幻在当下，是最大的现实主义。科幻用开放性的现实主义，为想象力提供了一个窗口，书写了主流文学中没有书写的现实。”他的发言标志着科幻现实主义来到中国。后续他也撰写文章对科幻现实主义进行了详细阐释。在《对“科幻现实主义”的再思考》一文中，他更愿意将“科幻现实主义”理解为一种话语策略。面对现实，由于有太多禁忌，不少中国的现实主义文学在逃避，而科幻文学反倒可以涉猎这些现实内容。之后，他也对科幻现实主义作品进行了界定，他认为能体现某种逻辑自洽的“真实性”，并由此必然跟现实产生联系的科幻小说，都可以称为“科幻现实主义”。陈楸帆不仅在科幻理论方面提出科幻现实主义理论，也用自己的创作去实践科幻现实主义。2013 年 1 月，他推出小说《荒潮》，这也成为他的科幻现实主义代表作。

《荒潮》说的是一个发生在专门从事电子垃圾回收的小镇“硅屿”（真实世界叫贵屿）的故事。外来资本、当地宗族势力、处理电子垃圾的人这三股势力因为各自利益引发了冲突。女主角小米背井离乡来到硅屿。由于一次意外，小米感染了国外某个实验室医学垃圾上的病毒，变异为超级人工智能，能够用意识控制所有机械。最后，小米连入信息高速网络，对另外两种势力进行了彻底的反抗。《荒潮》中异化的垃圾人与享受着全球化“高尚生活”的新富阶层共同生活在“硅屿”，他们之间的差异因为价值的剥夺与被剥夺、对他者的歧视与反抗，在变异垃圾人影响下，被无穷放大，从而不可调和。而这种对当代中国社会民生问题极度关切的科幻现实主义小说，用陌生的笔触将当代中国人所面临的困境一一映射在虚构的未来世界中，让我们即疏离又亲近。这既是一部科幻现实主义的代表作，又是人类世视野下有关人与自然话题的典型科幻。小米的异化和反抗既是对科幻现实主义中回收电子垃圾的真实反思，也是人类世视野下对全球资本主义异化入侵的另一种反抗。

2018 年，中国颁布“洋垃圾”禁令，要求在 2020 年后全面禁止回收电子垃圾，现实中，贵屿地区的生态也得到了相应的恢复，这也许是科幻与现实最好的互动。所以，在 2019 年《荒潮》再版时，陈楸帆进行了 98 处修改，这些修改集中于对核心人物的性别视角、科技参与下的暴力、宗族的复杂社会角色的阐释，而他也在修改中将对小说的思考放在了生态问题处理的复杂性上。从这里也可以看出，陈楸帆不是一个容易满足的人，他也一定不会止步于此。

后人类世的地铁站
——评萧星寒的《红土地》

2019 年 10 月 26 日，在第十届全球华语科幻星云奖颁奖仪式上，青年科幻作家萧星寒的《红土地》获得了首届中国科幻电影“原石奖”。

萧星寒，原名秦建，1977 年出生于重庆，1996 年以短篇科幻《星的心》一文获得《科幻世界》校园科幻征文大赛三等奖,现已出版《双鱼的秘密花园》《独狼原理》《终极失控》《决战奇点》《星空的旋律——世界科幻小说简史》等近 20 部作品，计 300 万字。他还先后获得过第六届、第九届全球华语科幻“星云奖”最佳长篇银奖，第八届全球华语科幻星云奖最佳中篇小说银奖。萧星寒现在在重庆某小学从事教学工作，并兼任重庆市科普作家协会科幻专委会副主任。

中篇小说《红土地》首次发表于 2019 年《科幻 Cube》

杂志 6 月号。“红土地”原指重庆的红土地地铁站，它的最大埋深 94 米，相当于 31 层楼，里面共装有 91 部电扶梯。从地面到检票口，需要连续搭乘 8 段扶梯，耗时 8 分钟。这种超深的地铁站，甚至可以扛得住核弹的攻击。而《红土地》所讲述的，就是发生在“千阳之战”的世界核战争之后，生活在红土地地铁站的幸存者的故事。在这篇小说里，萧星寒以后人类世的视角，描述了一个反人类中心论的人类求生故事。

“人类世”是个地质学名词，本意是人类已经成为影响地质运动的主要力量，并开始变成影响地球生态、决定自身生存的核心因素。将人类世引入文学批评理论，所观照的科幻通常涵盖了生态危机、气候变化、核爆灾难等人与自然产生的种种问题。而后人类世的科幻文学又可以表述为末日科幻，指的是发生在人类世末端的科幻故事，这一类故事更多反映了人类在末日之下的挣扎与生存，将整个人类置于极端的环境中去思考人类与自然、人类与宇宙的关系。通过这种极端的思考，人类也在反思自身是否能适应未来社会的发展，是追求个体的生存还是考虑种族的延续，科幻中的种种选择和思考让现实中的我们无法想象却又不得不思考。

在萧星寒的《红土地》中，核爆后幸存的人类因为将异化的鼠族视作他者而害怕和恐惧。但核爆之后失去所有发展可能的人类，似乎也只有选择变异为鼠族才有最终生存的可能性。人类只有在鼠族女王的带领下，才有可能寻找到核爆之后在异化世界的生存之道。在这里，人类的变异过程变得正常无比，仅剩的正常人类在异化世界和鼠族的双重压迫下，变得逐渐堕落，失去了希望。人类中心论的观点在现实面前不堪一击，是选择拒绝变异从而灭亡，还是选择蜕化为鼠族，在鼠族女王的带领下走出地面从而延续生命，这让所有以人类为中心的个体面临两难的选择。而后人类世中，人类唯有跳出人类中心主义的概念，才有可能延续生命。而这种延续从另一种意义上而言，也许代表着人类真正的灭亡。不过面对地球 46 亿年、宇宙 138 亿年的寿命而言，人类 1000 万年的寿命实在可以忽略不计，所以人类的灭亡应该是大概率事件，因此小说的结局是，鼠族女王带领幸存者离开了彻底崩塌的红土地车站，开启了另一个种族的新生。

从人类世视野去观察中国科幻作品，会让我们看到与平常不一样的地方，类似的作品还有陈楸帆的《荒潮》、灰狐的《固体海洋》、韩松老师的《医院》三部曲等。

中国人的航天梦正在实现
——评《中国轨道号》

目前，我国载人航天工程已经全面转入空间站在轨执行任务阶段。其实，中国第一颗人造卫星东方红一号的发射还是50年前的事，仅仅过了50年，我们不仅建造了自己的空间站，还向火星发射了天问一号探测器。中国的航天事业并不是一蹴而就的，由科幻作家吴岩创作的少儿科幻小说《中国轨道号》就反映了20世纪70年代我国在航天事业方面的探索。

《中国轨道号》说的是我国在20世纪70年代成功研制并发射了载人飞船。在现实生活中，中国首次发射载人航天飞船的时间是2003年，而中国启动载人航天工程的时间是1992年。但其实早在1971年4月，我们国家就启动了“714工程”，研制载人飞船曙光一号。不过，可惜的是，因为各种原因，“714 工程”在 1975 年 3 月就宣布下马了。而《中国轨道号》用一种“错列历史”的科幻写作手法，在我们面前展开了一段不同于真实历史的载人航天故事。

也许在很多人都会怀疑，20 世纪 70 年代我们怎么能研制载人飞船。但不可否认的是，中华人民共和国成立以来，中国人自力更生、顽强拼搏，创造出很多第一。第一枚火箭的发射、第一颗原子弹和第一颗氢弹的成功爆炸、第一枚洲际导弹的试制成功、第一颗人造卫星的发射成功，以及袁隆平成功研制出杂交水稻，还有屠呦呦成功发现青蒿素……正是这些“第一”，奠定了我们现在的科技进步和创新的基础，体现了中国人自力更生、自主创

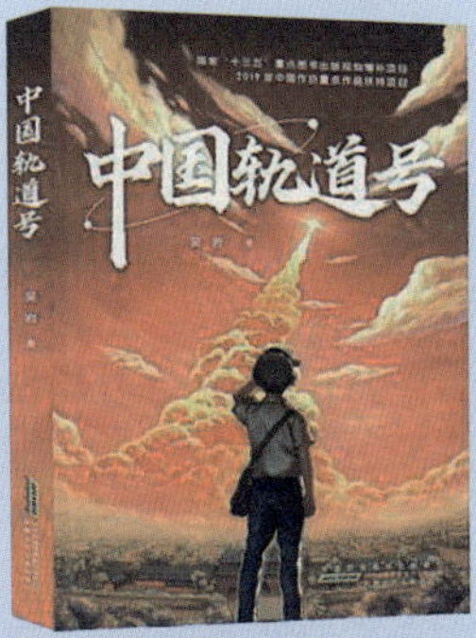

《中国轨道号》

作者：吴岩

出版社：安徽少年儿童出版社

出版年：2020 年

内容简介：《中国轨道号》故事发生在 1972 年，空军装备研究所接到军委紧急命令，要在短期内完成中国轨道号项目，把中国第一艘载人飞船送上太空。

新的精神。而这种精神也在小说中有很多体现。读完小说，我们还能深刻感受到那个时代的科学家精神。老一辈科学家不顾个人荣辱得失、艰苦奋斗、科学报国的精神都在这部小说里有所体现。他们胸怀祖国、爱国爱家；他们集智攻关、团结协作；他们勇攀高峰、敢于创新；他们淡泊名利、潜心研究……

《中国轨道号》还侧重描绘了主人公小岩和王选等小朋友间真挚的感情，这也是儿童小说最典型的特色。他将主人公小岩与朋友们一起探究九龙井的热情与激情，见证中国轨道号飞船研究的豪情描绘得淋漓尽致。另外，小说还体现了小岩与母亲之间最真挚的母子情。如《妈妈的自行车》这部分内容：小岩把妈妈的自行车借给朋友们骑，却骑掉了螺丝，他因为胆怯不敢告诉妈妈。结果有一天，他知道妈妈出了车祸，于是内疚、自责、害怕一起涌上了心头，他飞奔向医院，向妈妈哭着道歉。妈妈原谅了他，并关切地说："但是，我很想让你知道，实话实说才能预防危险。这是做人的底线！"这是关爱孩子成长的母亲说的话，她不在意自己的健康受损，放眼孩子未来的成长。小说中的这段描绘也是作者对母亲最好的纪念，同时，这也体现了作者的少儿科幻审美理念——"暖""灌""透""炫"。

当然，作为一部科幻小说，适当的科学幻想也是不可缺少的。这其中，中国轨道号、宏粒子等设想都是现实中不存在的科学虚构，但作者巧妙地将这些设想与虚构流畅地穿插在故事中，也体现了作者多年以来深厚的创作功底。

杨利伟接受采访时曾说,《三体》《流浪地球》等作品用艺术唤起人们对科学的兴趣。他儿时看过的《小灵通漫游未来》中的科幻场景已变为现实。相信多年以后，看过《中国轨道号》的小读者们也会有相似的感受。

科幻中的科学家形象演变
——以《逐日：空间太阳能电站档案》为例

《逐日：空间太阳能电站档案》(以下简称《逐日》)是一部描写空间太阳能电站研发的科幻小说。空间太阳能电站是一项高效利用太阳能的未来科技，在地球大气层外的太空中建造空间太阳能电站，不会受到天气、纬度以及昼夜交替的影响，发电效率也会大幅提高。我国在2011年就正式提出了空间太阳能电站发展“路线图”，这其中大功率、远距离无线传能技术一直是技术上的难点。2019年，我国首个空间太阳能电站实验基地在重庆璧山区启动建设，它所要解决的就是如何在太空将太阳能转化为电能，再通过无线能量传输方式传到地面的电力系统。真到了那一天，就是科幻变成现实了。

《逐日》不仅仅是一部关注未来科技发展的科幻，更是一部全面展示新时代中国科学家形象的文学作品。这部科幻中的科学家形象有个演变的过程，从西方科幻《弗兰肯斯坦》的疯狂科学家，到晚清科幻《电世界》中精通电学知识的“电大王”黄震球，乃至新中国科幻《珊瑚岛上的死光》中矢志报国的赵谦教授，还有新时代中国科幻《地火》中为科学事业而牺牲的刘欣，一起构成了一个丰富多彩的科学家形象。《逐日》不仅延续了传统科幻塑造的追求真理、科学救国的科学家形象，还在新的创作中全面生动地展示了新时代中国科学家形象，展现了新时代中国科学家精神，这既是一种创新也是一种超越，也代表了新时代中国科幻的发展。

一、历史上科幻小说中的科学家形象

1. 西方科幻小说中的科学家形象

在现代科学的发源地西方，由于科学的发展给人们带来了文明的进步、生活的丰富，作为先进科技文明的主要推动者——科学家自然也受到了广泛的尊重和颂扬。然而，在现实中受到尊重的科学家在科幻小说中却是另一种形象。

最早出现科学家的形象的文学作品应该是《浮士德》，在书里，科学家以炼金术士的身份出现，他们的形象令人恐惧，行为诡异，为了邪恶的想法会不择手段，甚至会利用巫术与恶魔建立联系。而科幻中第一次出现科学家形象的作品是世界首部科幻小说《弗兰肯斯坦》：疯狂的科学家弗兰肯斯坦发现了生命的秘密，于是代替上帝来创造生命。这部科幻中的科学家不仅没有传承现实中赢得广泛声誉的科学家形象，反而继承了《浮士德》中炼金术士的特点，阴险自私，信仰纯粹理性主义，行动诡秘且偏执。同样，早期西方科幻中的科学家形象也大多是反面的，如斯蒂文森《化身博士》中的杰基尔医生，威尔斯《隐身人》中的科学家格里芬，《莫罗博士岛》中的莫罗博士。这些科学家的内心阴暗偏执，他们的实验室阴森偏僻，他们进行的科学实验也非常邪恶，最终都是以悲剧来收尾。

这些科幻中的科学家形象体现出普通人对掌握真理却不易被普通人接触的陌生科学家的恐惧之情，同时也反映了人文性极强的作家对文艺复兴运动以来理性主义的深刻反思。即使到了现代，人们对科学已经有了普遍认知，西方科幻中的科学家形象也会表现出负面性较强的特点，当然这也代表了现实中西方科幻对科学的反思。

2. 晚清时期中国科幻小说中的科学家形象

很长一段时间以来，我国第一部科幻都被认为是《月球殖民地小说》。在这篇科幻小说里，科学家是以现代医生的身份出现的，这些医生医术精湛，面对种种疑难杂症往往能药到病除。小说中的白子安医生就是这样一位能力极强的现代医生，他不仅研制了解毒的药水和让人祛除睡意保持清醒的药水，还可以利用分析仪器分析死者的死因。

当然，晚清科幻中的科学家除了以医生形象出现以外，还会以掌握物理科学知识的科学家形象出现。《电世界》中的“电大王”黄震球就非常精通电学知识，他发明了各种高效率的电动工具、电动机械，如比火车速度快五千倍的“自然电车”，可以筑路的“平路电机”，可以自动耕地的“电犁”，飞入高空的“电翅”，还有化解暴雨的“消雨云电车”，他还创办电学大学堂，通过电筒发音机等教具激发学生学习兴趣。在他的发明的影响下，他所创造的电帝国“仓廪实、衣食足”。

此外，晚清科幻中的科学家还会以天文学家的身份出现，他们掌握天体构造、运行规律等专业知识，并具备了“宇宙”的观念。《新法螺先生谭》中的“余”不仅了解月球、金星、水星等天体的性质与规律，还认识到地球并非宇宙的中心，只是宇宙中一个普通的星体而已。而《世界末日记》中的天文学家则除了发布月球将与地球相撞的末日消息外,还用“世界虽然毁灭，但精神不灭”的理念抚慰不安的民众。

在晚清科幻中出现的科学家，虽然形象各异，但也起到普及科学知识、引导读者认识中国现状、引发对科学的反思等作用。这些形象的构建，一方面是用来启迪民智，用科学来救国。如鲁迅就曾在《月界旅行·辩言》中所说，“导中国人群以行进，必自科学小说始”。晚清科幻中的科学家形象是用来介绍世界科学发展，提倡科学精神的，当时的小说家试图通过科学小说的形式启迪广大民众了解认识科学，反对封建迷信，建立民主科学的新中国。另一方面，科学家也是科幻小说中的重要元素，起到串联故事的作用。作者用科学家的形象深度参与文本叙事，以衔接科学知识、介绍科技发明，使原本独立的科学知识、散落的叙事单元融汇为统一的整体，共同服务于教化民众、富强中国的叙事目的。

3. 新中国成立后科幻小说中的科学家形象

新中国成立后的第一篇标注为“科学幻想小说”的作品通常被认为是郑文光的《从地球到火星》。在这部作品中，科学家的形象还较为模糊，仅仅是作为科学理论的代言人来出现。而在新中国成立后的诸多科幻作品中，科学家形象大多呈现出“戴眼镜”“穿白大褂”“不修边幅”等刻板印象。如国产科幻电影《大气层消失》中的葛优就以穿白大褂的形象来演绎气象学家。这种刻板形象的塑造虽然可以满足大众对“科学家”形象的期待，却也将科学家形象塑造得抽象化和符号化。不过在这些抽象化的科学家形象中，科学家由于要阐述科学理论，还是具备了明确的学科背景和专业知识。如童恩正《珊瑚岛上的死光》中研发原子电池的科学家赵谦，叶永烈《怪事连篇》中发明人体冷冻技术的科学家陈克，潘海天《克隆帝国》中的生物学家詹姆斯·奥古斯，陈楸帆《人生算法》中研究人工智能的韩大华教授，他们的学科背景随着科学的发展，逐步由实用科技向生命科学、人工智能等未来科技转化。

二、新时代中国科幻中的科学家形象以及在《逐日》中的展现

进入新时代以后，中国科幻中的科学家形象更多体现了一种科学家精神。他们或是像夏笳《关妖精的瓶子》中的麦克斯韦一样，对科学研究表现出严谨认真的科学态度；或是像刘慈欣的《朝闻道》中的科学家一样，为了追求真理，即使面临死亡的威胁也毫不畏惧，视死如归；还有像刘慈欣的《球状闪电》《三体》《地火》等作品中的林云、丁仪、刘欣等众多科学家一样，以“舍身求法”式的行动为科学事业而牺牲，或是像吴岩的《中国轨道号》一样，自力更生去研制中国人自己的空间站。在这些科幻作品中，科学家们不顾个人荣辱得失，艰苦奋斗、科学报国；他们胸怀祖国、爱国爱家；他们集智攻关、团结协作；他们勇攀高峰、敢于创新；他们淡泊名利、潜心研究：体现了新时代的科学家精神。

《逐日》作者萧星寒老师在创作谈中所述，《逐日》中也表现出了一种新时代科学家精神，既具有烟火气息，又有年

代特征，还有师徒传承和团结协作。这是新时代中国科学家真实形象的体现，体现了矢志报国的爱国精神、追求真理的求实精神、潜心研究的奉献精神、团结协作的协同精神、甘为人梯的育人精神。

《逐日》中的科学家，早已不是新中国早期科幻中的不食人间烟火的刻板形象，他们会为了品尝美味的来凤鱼而大醉而归，他们也会在得知竞争对手团队爆出所谓的“惊天丑闻”时偷着乐，也会因为得知项目竞争失利而痛哭流涕，更会因为别人恶意炒作而义愤填膺。在这些生活化的描述中，展现出一个个情感真实、有血有肉的新时代中国科学家形象。这也是与新中国早期科幻脸谱化、刻板化的科学家形象有很大不同。这应该是作者去科研机构采风并做了很多调研的结果。这其中关于科研项目竞争的描述也是非常真实的。笔者自己就在一个工科高校，也曾旁听过不同项目的团队组建、预研、申请、开题、中期检查、答辩结项的各个过程，而作者对科研项目从申请到结项的全过程描写与现实无异，这也是小说的现实感的体现。

现实感也正是现今描写科学家的文学作品所缺少的。目前，我们所看到的讲述科学家以及其科研攻关的文学作品非常少，也很少有《逐日》这样全方位展示科学家形象以及他们从事科研项目的作品，这方面《逐日》应该起到了很好的示范效应，它让我们看到了新时代从事国家颠覆式技术研发的科学家形象。他们不仅有血有肉，也非常有爱国情怀和报国之志，他们虽然相互有竞争，但在国家利益面前一致对外，为了研究制定国际领先的空间太阳能电站技术标准，西安、重庆两支团队摒弃前嫌通力合作，最后联合研发出世界首个空间太阳能电站。这不仅是爱国精神的最好体现，也是团结协作的协同精神的体现。此外，老一辈科学家为了实现国家顶尖技术的突破，主动放弃不同团队之间的利益之争，让团队中最有潜力的青年科学家加盟对手的团队，并将自己的前期研发成果倾囊相赠。这种为了国家利益放弃个人与团队利益的大公无私的精神也非常令人钦佩，而他们为了年轻人的发展不断提挈后辈奖掖后学的育人精神也是真实故事在小说中的再现。

除了新时代科学家精神的全面展示，在《逐日》的第二个故事中，对未来科学家的畅想也非常精彩。作为一篇反映未来科学技术发展的科幻故事，《逐日》不仅让我们看到空间太阳能电站项目的启动，也让我们看到这项未来技术真正实现的未来。在第二个故事里，在我们即将迎来建国一百周年的 2049 年前夕，空间太阳能电站技术已经在国内得到全面应用，这项技术不仅可以实现清洁能源的长期供应，而且绿色、可持续的特点让全世界都趋之若鹜。为了推广这个项目，也为了第三世界发展中国家解决能源与发展的问题，空间太阳能电站的第一个海外项目“马卡迪卡迪号”历经近十年的开发，即将在非洲的博茨瓦纳进行正式启动。这项技术启动后不仅可以解决博茨瓦纳的能源问题，还能带动博茨瓦纳周边国家的发展。这里畅想的是中国式现代化在全球实现的未来，也是我们同世界人民一起携手开创的更加美好的未来。在未来，中国有实力实现全球共同努力开创的美好未来，也会遇到更多障碍。在项目启动前夕，突然发生意外，恐怖分子绑架了总工程师以及总统。拥有领先的未来科技的中国女科学家化身特种兵战士，在祖国的支持和空间太阳能技术的应用下，全面挫败了恐怖分子的不良企图，让项目如期启动。这里对未来科学家的描写应该是与现实不同的大胆畅想，但也是对我们未来实现中国式现代化最好的呼应。

《逐日》这部科幻对科学家和科研项目攻关的描述，不仅填补了新时代文学作品对国家重大科研项目缺少关注的空白，更丰富了新时代中国科学家的文学形象。相信假以时日，我们一定可以如《逐日》所描述的一样，不仅在国内实现社会主义现代化，同时也会推动全球的进步，开创全球人类命运共同体的美好未来。同时，我们也相信，在《逐日》的读者中会涌现出更多参与国家重大科研项目的未来科学家。

畅想中国式现代化，预见中国航天成长
——纪念中国科幻之父郑文光先生逝世二十周年

2023 年 6 月 19 日，纪念郑文光先生逝世 20 周年论坛暨《飞向人马座》影视文化开发系列工程启动发布会在北京举办，南方科技大学教授吴岩，中国科普作家协会副理事长尹传红，中国科普作家协会秘书长陈玲，科幻作家宝树、江波，郑文光先生亲属等参加了活动。在活动中，我作为江苏科幻界代表作了发言，畅谈了郑文光先生作为“中国科幻之父”“中国实现现代化的畅想者”的辉煌一生。

中国实现现代化的畅想者

早在清末民初，中国就有自己的科幻。梁启超就曾创作过《新中国未来记》，畅想未来的中国在黄浦江两岸举办世博会；荒江钓叟的《月球殖民地小说》，畅想了中国人乘坐气球登上了月球。中华人民共和国成立后，新中国的科幻作家又对中国的未来发展进行了畅想。

1958 年 10 月，郑文光先生在《中国青年》杂志上发表文章《共产主义畅想曲》，描绘了未来的气象学家已经掌握了控制气候的能力，还实现了载人登月工程和第一次载人火星探险计划，并且在月球上建立长期的研究基地。琼州海峡大堤也竣工了，从北京开出的火车，只要 48 个小时就可以抵达海南的莺歌海。海洋工厂里可以将海水转化为布匹、粮食、建筑材料和工业原料，就连沙漠也在人们的努力下即将消亡。

这真是一篇充满想象力和激情的作品，是对实现社会主义现代化最美好的畅想。现在，距郑文光先生发表小说已经过去了 65 年，高铁早已将北京到海南的时间缩短为 20 个小时，而我们的嫦娥探月工程、天问一号火星探测计划也早已为载人登月和探火进行了最好的铺垫。我们离科幻里的畅想越来越近，科幻也早已从幻想慢慢变成现实。

中国航天事业的畅想者

郑文光先生的第一篇科幻小说是《从地球到火星》，创作于 1954 年 10 月，发表于 1955 年 2 月的《中国少年报》。很长一段时间里，这篇小说都被认为是新中国第一篇标注为

“科学幻想”的小说。在这篇小说里，他畅想了 3 个渴望进行宇航探险的少年偷偷开飞船前往火星的故事。这篇作品一经发表，就引发了北京地区的火星观测热潮，人们在建国门的古观象台上排起长龙看火星。

1957 年，郑文光先生创作了《火星建设者》，畅想了中国与其他 50 个国家共同在火星开发建设的故事。后来，这篇科幻小说还被选送参加莫斯科世界青年联欢节大会，获得大会颁发的科幻小说奖。这也是新中国科幻作品最早获得的世界级奖励。

1978 年，根据《从地球到火星》的故事大纲，郑文光先生再次创作出长篇科幻《飞向人马座》。小说中，他将飞行的目的地由火星变成人马座，飞船上的 3 个孩子也由小学生变成中学生，性别从“两女一男”转变成“两男一女”，亲属关系也由“姐弟”转变成“兄妹”，飞船由误操作发射转变为某大国的阴谋。这些转变都是符合时代特征的，也是具有传承性的。因此，《飞向人马座》一出版就大受欢迎，获得了当年的第二届全国少年儿童文艺创作一等奖。

1983 年，郑文光先生又根据短篇《火星建设者》创作了长篇科幻《战神的后裔》。在小说中，他畅想了 2078 年中国人在火星上进行艰辛建设的故事，这些火星建设者们凭借着革命的意志，克服了尘暴、射线病、瘟疫、实验室爆炸等种种磨难，终于成功建成火星基地，体现了典型的革命理想主义。

我第一次读《飞向人马座》是在 1992 年，那时候的我不过 11 岁，当时的我深深地被小说打动，也曾经想过："会有那么一天，我们中国的载人宇宙飞船可以飞向太空吗？"随着时间的推移、国力的增长，我们正在一步步见证着郑文光先生畅想的中国变成全球瞩目的航天大国。

1992 年，我们的载人航天工程正式启动。在郑文光先生去世的 4 个月后，即 2003 年 10 月 15 日，神舟五号载人飞船把我国首位航天员杨利伟送上了太空。而这时已经离加加林第一次进入太空过去了 42 年。所幸，我国的航天工程起步虽晚，但步伐更快，《飞向人马座》《战神的后裔》里描绘的场景已近在咫尺。伴随着郑文光先生的科幻作品，我们见证了中国航天事业的茁壮发展。

中国科幻的传承者

郑文光先生之所以被很多人称为"中国科幻之父"，还因为他是一个坚定的爱国者。早在青年时期，作为华侨的他就为了追求进步而回国参加建设。虽然曾遭受一些不公正待遇，但是他不改初衷，始终坚持爱国的信念，终身从事社会主义科普科幻创作。

另外一个重要原因是，郑文光先生写得早、写得多并且写得好。写得早，前面已经说过；写得多，可以去看看他于1993年出版的4卷本小说全集，他一生的创作共有450万字；而写得好，是因为他的科幻小说兼具科学的理性和文学的感性，甚至连《海豚之神》这部描写动物的科幻，也把动物的情感描绘得惟妙惟肖。他是中国最早获得世界级奖励的科幻作家，他还获得过全国少年儿童文艺创作一等奖、宋庆龄儿童文学奖银奖（当年金奖空缺），还因在科幻小说界的杰出贡献，在1999年接受了《科幻世界》颁发的中国科幻终身成就奖。从这些创作和获奖经历来看，虽然他在1983年就因为身体原因不再进行具体创作，但是他的影响还是非常深远的，特别是在他去世后，很多媒体都以“中国科幻小说之父”为名来报道。

此外，郑文光先生在科幻圈和社会上还影响了很多人，如科幻作家韩松、星河、杨平，甚至还有神舟飞船控制系统专家。科幻作家、新华社高级记者韩松说：“我现在仍然经常重读《飞向人马座》。书中青春男女的躁动、几代人的激情、瑰丽深远的太空、高科技战争的不宣而至，命运、人性和科学的艰涩难题，把我带回少年时代初读这本书时的环境；周围的气味，甚至色彩都还在啊。这样让人激动的故事，是不可能被重复的了。”科幻作家星河说：“我们的太空航行，逃不脱《飞向人马座》的模式，却缺乏那种宏大的气魄。”科幻作家杨平说："《飞向人马座》能让人忘却世间的痛苦恩仇，穿过无边的星云，看到浩瀚的宇宙。在灯下掩卷出神，在梦中神游太虚。"神舟飞船控制系统专家、北京航空航天大学科幻协会原会长饶俊说："我以为，迄今为止，描写中国人自己的航天活动的小说中，比较到位的便是郑文光的《飞向人马座》，它确实是一部真正在描写中国人自己的航天活动的小说。"科普专家、中国科学技术大学传播系副主任袁岚峰副教授说："《飞向人马座》也是我小时候最爱读的科幻小说之一，我好多次在节目中提到它"。

而受影响最深的，我认为还应该是南方科技大学的吴岩教授。吴岩在学生期间就曾多次到郑文光先生家中求教科幻问题，并帮助郑文光先生整理过回忆录。他还受嘱将郑文光先生的科幻藏书转赠给钓鱼城科幻学院，以便让更多的科幻爱好者来阅读。1991 年，吴岩在北京师范大学首次开设科幻文学通识课程，培养了一批优秀科幻作家和科幻学者。2020 年，吴岩还推出了一部关于中国航天的科幻小说《中国轨道号》，主人公也是少年，并一举获得全国优秀儿童文学奖和全国优秀科普作品奖。郑文光先生作品中探索太空的精神在新一代的科幻作品中得到了传承和发展。

如今，郑文光先生已经去世 20 周年。斯人已逝，风范犹存，郑文光先生的作品和精神将永存！

科幻可以激发青少年的爱国心

我曾经在一篇文章中提起科幻可以激发青少年的爱国心，限于篇幅，没有过多展开。那么这里，我们再详细谈一谈，为什么科幻可以激发青少年的爱国心。

爱国主义认同就时间而言有三层认同，即对历史的认同、对现实的认同、对未来的认同；就深度而言一般有三层含义，即国家认同、民族认同、文化认同。

讲好科幻中的中国历史故事，激发青少年对中国历史的认同。对中国历史的认同就是要认同中华民族传统文化和中华民族历史。国产科幻电影《流浪地球》系列中就不乏对中华民族传统文化的强烈认同。在好莱坞科幻大片中，遇到灾难时，英雄是带着人们乘坐方舟或者飞船逃难的，唯有《流浪地球》写到带着地球去寻找家园，这反映的是中国人传统中故土不离的农耕文明特色。而且“流浪地球”计划本身就与神话夸父追日这种勇往直前和敢于挑战自然的神话展现的气魄完美契合。在《流浪地球》电影中，刘培强这个角色也是典型的中国古典神话中的悲剧英雄。无论是引导刘启开启行星发动机，将火焰射向木星，还是操作空间站，主动点燃氢气牺牲自己,全都指向了传统神话中的射日主题。就像《天问》王逸注引《淮南子》所说，“尧时十日并出，草木焦枯。尧命羿仰射十日，中其九日，日中九乌皆死，堕其羽翼，故留一日也。”刘培强就是“射日的后羿”，以牺牲自己来换取地球的平安。有学者评价,《流浪地球》中包含了中国古典神话中的斗争意识、人民至上、生命至上的共同体意识等主流意识形态，也映射了当下中国人的集体心理状态。在2023年上映的《流浪地球2》中，这类意识也贯穿其中，比如太空电梯倒塌与共工触山的故事相契合。

当然，不仅仅是国产科幻电影，在中国科幻小说中也不乏对中国历史的解读。如刘兴诗的《失踪的航线》，用科幻的方式解读法显和尚的《佛国记》，以丰富的想象力设想中国人早在东晋就涉足美洲。钱莉芳的《天意》则将秦汉兴替的故事与外星人相结合，将韩信的悲情结局写到了极致。长铗的《昆仑》则讲述了另一个周穆王见西王母的故事，那是一个充满神奇科技的上古世界，最终因为人对神的挑战而终结。刘慈欣的《西洋》则重构了一个郑和下西洋的故事，设想了郑和没有止步非洲而是登上不列颠半岛殖民欧美。这些对中国历史充满想象力的解读，背后吸引我们的是对中华民族传统文化和历史的强烈认同，是对中华民族精神的强烈认同。

讲好科幻中的当代中国故事，激发青少年对中国现实的认同。对中国现实的认同就是对中国式现代化的强烈认同。正如导演郭帆在《人民日报》撰文所说，只有“强盛的国家才能托举起强大的科幻产业”，这次《流浪地球》系列科幻电影的成功也离不开中国强大的科技制造。为了让片中“移山计划”体现得更加真实，徐工集团为《流浪地球2》提供了众多工程装备。据报道，徐工集团先后投入42款61台主机设备、400多套零部件及车间道具，61套三维模型、319名工作人员，还在起重、土方、道路、高空、环卫、安全及应急救援等成套化设备上提供了相应保障方案，成为《流浪地球2》“移山计划”的硬核保证。四年前，《流浪地球》电影中的机械外骨骼还要依靠海外的维塔公司，今天，国内已经有傲鲨科技公司为电影中的机器外骨骼提供相应的产品。这些都充分说明，没有现代的中国科技的发展，没有工业的现代化，也就没有《流浪地球》系列科幻电影的成功。

国产科幻电影在2023年的春节大热起来，吸引了无数青少年关注自己国家的科技发展。新时代的青少年在国产科幻电影中感受到中国的科技与工业的崛起。同时，由于现实中的嫦娥逐月、天问探火、北斗环绕、神舟启航、蛟龙入海这些重大工程一一实现，我国青少年在科幻作品感受到的是我们的科技与工业不仅在崛起和发展，并且，还通过科幻作品，展现了可以实现的未来。而这个“可以实现的未来”就需要今天的青少年通过努力来实现。同时，科幻作品还很好地讲述了新世纪中国的发展故事，坚定了青少年对现实中国发展的认同感。像刘慈欣的《中国太阳》《地火》《乡村教师》《超新星纪元》，就用科幻的笔触记录下新世纪的中国发展史，在科幻中了解中国是如何妥善解决民办教师、农民工发展、煤矿改革以及独生子女成长等问题的。在这些科幻作品中，青少年树立了对中国现代化发展的坚实信心，也坚定了人们积极参与中国式现代化建设的决心，这也是一种对祖国的强烈认同。

讲好科幻中的未来中国故事，激发青少年对中国未来的认同。对中国未来的认同就是对中国未来发展的认同。从新中国的第一篇科幻小说《从地球到火星》开始，中国科幻作家就开始用自己的笔书写对中国未来的无限畅想。在中国科幻之父郑文光笔下，中国变成全球瞩目的航天大国，开始了飞向人马座和建设火星的艰苦奋斗卓绝奋斗之路。在小说《飞向人马座》中，主人公在飞船中自主学习，最终，操作失控飞船从人马座飞回了地球。郑文光的《火星建设者》曾引发北京地区火星观测热潮；他在《战神的后裔》里畅想了来自中国的火星建设者们凭借着革命的意志克服了沙尘暴、射线病、瘟疫、实验室爆炸等等种种磨难，终于成功建成了火星基地的革命理想主义故事。

叶永烈则在20世纪60年代出版的《小灵通漫游未来》中畅想了未来的人造食物、人造太阳、电视手表、环幕电影、人造器官等的发明。而如今，到了21世纪，这些当初看来天马行空的发明大多早已实现。

郑文光先生在1958年创作了《共产主义畅想曲》，对中国实现共产主义的未来进行了大胆畅想。在文章中，他描绘了未来的气象学家已经掌握了控制气候的能力，还实现了载人登月工程和第一次载人火星探险计划，并且在月球上建立了长期的研究基地。小说中，琼州海峡大堤也竣工了，从北京开出的火车，只要48个小时就可以抵达海南的莺歌海。海洋工厂可以将海水转化为布匹、粮食、建筑材料和工业原料，宝岛台湾建起了火山发电站，就连沙漠也将在人类的努力下消亡。这些都是对未来最美好的畅想，可以说郑文光是对中国实现现代化的最早畅想者。现在距郑文光先生发表小说已经过去了65年，高铁早已将北京到海南的通行时间缩短为20个小时，而我们的嫦娥探月工程和天问一号火星探测计划早已为载人登月和探火进行了最好的铺垫。我们离科幻里的畅想也越来越近，科幻也早已从幻想慢慢变成现实。此外，陈楸帆的《零碳中国》，畅想中国在 2030 年实现“碳达峰”、在 2060 年实现“碳中和”，这个故事为我们展现了一个绿色、美丽的未来中国。萧星寒的《逐日：空间太阳能电站档案》则聚焦中国正在研发的“空间太阳能电站”，以科幻的手法想象新中国成立 100 年时空间太阳能电站的大规模应用，为我们展示了创新颠覆式技术实现的未来，以及参与研发的科研工作者们“爱国、创新、求实、奉献、协同、育人”的新时代科学家精神。

青少年在中国科幻作品的引领下，不仅对中国的历史、现在和未来产生了坚定的认同，也对自己的国家、民族和文化有了深刻认同。如此，爱国主义也在青少年心中种下了种子，他们会在国产科幻的引领下，坚定爱科学、学科学的兴趣和热爱，也会立下科学报国的志向，将来，献身科学研究事业。

用科幻做好科学教育加法

今年，教育部等十八部门出台的《关于加强新时代中小学科学教育工作的意见》提出要贯彻习近平总书记关于“要在教育‘双减’中做好科学教育加法”的指示要求，努力培养青少年的好奇心、想象力、探求欲，系统部署在教育“双减”中做好科学教育加法，支撑服务一体化推进教育、科技、人才高质量发展。而2023年春节期间，科幻电影《流浪地球2》与科普的结合，也让我们看到了运用科幻做好科学教育的源源不断的生命力。青少年的好奇心、想象力、探求欲被电影中的高科技所吸引，太空电梯、人工智能和数字生命、核聚变、太阳氦闪这些科学概念也很快走进了青少年的心中。下面就来谈谈如何应用科幻做好科学教育加法的一些具体举措，希望对大家能有所启发。

科幻教育激发青少年的好奇心与想象力

科幻具有培养好奇心和想象力的天然优势，科幻教育就是要呵护人的好奇心，激发人的想象力，培养人的创新能力和批判性思维，最终服务于学生核心素养的发展。原世界华人科幻协会主席、南方科技大学吴岩教授曾说过，好奇心和想象力与人的认知发展有着密切的关系，科幻教育就是用来提升想象力的。他认为，在小学阶段，科幻教育可以发挥保护儿童好奇心，让想象力自由发展的重要作用。

激发青少年好奇心是培养创新型人才的必要条件之一，而好奇心则是认识事物过程中对未知的新奇事物进行积极探索的一种心理倾向，它是促进人智能发展和帮助人认识客观世界的内部动因。在科幻教育中，激发好奇心是最先发生的一种教育作用。科幻小说和电影通过充满想象力和戏剧性的故事情节，激发青少年的好奇心，从而让他们对科学内容产生丰富的探求欲，进而更容易进入后续的科学教育课程。而且，好奇心是科学发端的源泉和激发科学探究的内驱力，科幻教育可以通过好奇心的“转移”来引发青少年对科学的浓厚兴趣。2023 年 3 月 25 日，我曾在泰州科技馆以《流浪地球 2》为例给中小学生做科普报告，一位小朋友问：“数字生命会出现吗？”我给他解释了数字生命的概念和意义，同时也鼓励他将来有机会一定要积极参与人工智能和数字生命的研究。这颗科学的种子就此种了下来，相信将来他长大后，不论是否从事人工智能的研究，都会对人工智能和数字生命产生浓厚的兴趣。

想象力在科学教育中也是非常重要的，爱因斯坦曾经说过：“想象力比知识更重要。”而在所有想象中，科学虚构或者说科幻想象在科技发展和社会进步中发挥着日益突出、不可替代的启示性作用。国内有很多学者认为，我国青少年面对的应试教育要求他们快速掌握知识，因此会扼杀他们的想象力，而科幻教育则能突破应试教育的窠臼，充分激发想象力。一方面，科幻作品中的科学不论是否可以实现，都可以化解幻想能力与科学理性思维的对立，从而促进孩子对科学的兴趣甚至热爱；另一方面，科幻教育能突破传统语文教育的限制，更好地将科学和想象力教育联系起来。就像我们在《流浪地球2》中看到了重核聚变发动机，虽然目前我们离它还很遥远，但中核集团在微博中发布的“你们尽管想象，我们负责实现”的动态，却能激起青少年对核能的想象，也激发了他们参与开发未来能源的兴趣和热爱，也许有一天，这种对重核聚变的想象就会在未来实现。

科幻激发青少年的爱国精神和创新精神

习近平总书记2020年9月11日在科学家座谈会上强调：

“科学家精神是科技工作者在长期科学实践中积累的宝贵精神财富。新中国成立以来，广大科技工作者在祖国大地上树立起一座座科技创新的丰碑，也铸就了独特的精神气质。去年 5 月，党中央专门出台了《关于进一步弘扬科学家精神加强作风和学风建设的意见》，要求大力弘扬胸怀祖国、服务人民的爱国精神，勇攀高峰、敢为人先的创新精神，追求真理、严谨治学的求实精神，淡泊名利、潜心研究的奉献精神，集智攻关、团结协作的协同精神，甘为人梯、奖掖后学的育人精神。广大科技工作者要肩负起历史赋予的科技创新重任。这里，我重点强调一下爱国精神和创新精神。”

针对青少年的科学教育，我们要大力弘扬科学家精神，特别是爱国精神和创新精神。而我们的国产科幻正能激发青少年的爱国精神。正如导演郭帆在《人民日报》撰文所说，只有“强盛的国家才能托举起强大的科幻产业”。这次，《流浪地球》系列科幻电影的成功也离不开中国强大的科技制造。为了让“移山计划”体现得更加真实，《流浪地球 2》邀请了徐工集团提供了众多工程装备，据报道，徐工集团先后投入了 42 款 61 台主机设备、400 多套零部件及车间道具，61 套三维模型、319 名工作人员，在起重、土方、道路、高空、环卫、安全及应急救援等成套化设备上提供了相应的保障方案，也为展现《流浪地球 2》的“移山计划”提供了硬核保证。

2019年的《流浪地球》电影中的机械外骨骼要依靠海外的维塔公司制作，而今天，国内已有某科技公司为电影中的机器外骨骼提供了相应的产品支持。这些都充分说明了，没有现代中国科技的发展和工业的现代化，就没有今日《流浪地球》系列科幻电影的成功。国产科幻电影在此次春节档期的热潮中，吸引了无数青少年关注自己国家的科技发展。青少年也在国产科幻电影中感受到了中国科技与工业的崛起。同时，由于现实中嫦娥逐月、天问探火、北斗环绕、神舟启航、蛟龙入海这些重大工程一一实现，我国青少年在科幻作品中不仅感受到了我国科技与工业的崛起和发展，更通过科幻作品，看到了可以实现的未来。而这个可实现的未来需要青少年通过努力来实现。同时，郭帆导演也感受到青少年的呼声，在《流浪地球2》上映期间，他还带领剧组走访了30多所大、中、小学，开展路演，在这些青少年的心目中播撒下未来科技发展的种子。

科幻拥有科学与人文的双重基因，在激发青少年创新精神方面也发挥重要的作用。首先，科幻可以孕育科技创新的概念萌芽。科幻是科学与幻想碰撞出的火花，是科学创新呈现的载体。英国国家科学、技术与艺术基金会在2013年《科幻与创新的互相影响》的报告中总结了280个科幻文本中的概念与真实世界创新互动的案例，充分展示了科幻孕育创新概念的潜力。其次，科幻可以促进创新在大众中的传播。创新在大众中的传播需要一个过程，特别是早期阶段，大众对创新产品和服务有可能需要较长时间才能接受。面向大众的科幻作品，可以促进大众对创新的接受程度，有效地缩短创新的扩散时间。最后，科幻可以直接帮助科技创新进行原型设计。科幻拥有独特的推想逻辑和叙事模式，使得它可以直接用于创新原型设计的过程。2011 年前英特尔首席未来学家 Brian David Johnson 首次提出“科幻原型设计”方法论，他主要利用科幻叙事，描述或探索特定科技的应用以及对社会结构的影响。现在，英特尔、耐克等科技公司在其创新的研发过程中采用了“科幻原型设计”的方法，而且硅谷也有了应用“科幻原型设计”方法论的新兴咨询公司，在这些公司中，科幻创作者实质性地参与到科技创新设计的过程中。此外，建筑工程行业也对科幻的思考也非常多，很多建筑师都在探索将科幻技术融入未来的建筑，美国的 NASA 还组织了火星建筑大赛。

科幻如何融入科学教育

将科幻融入科学教育，写进教育“双减”的科学教育加法需要一个循序渐进的过程。

第一，应该从推广科幻阅读开始。进入新时代，科幻阅读伴随着科技发展迅速成为青少年阅读的关注焦点之一。刘慈欣的短篇科幻《带上她的眼镜》入选了统编版教材七年级语文下册,《三体》也继《海底两万里》之后被教育部列入中小学生阅读推荐书目，刘慈欣的《微纪元》在2018年入选高考语文卷阅读题，中国科普作协主办的全国中学生科普科幻作文大赛成为教育部认定的全国性学生竞赛之一。这些鼓舞更多的中学老师带领学生开展科幻阅读。其中以北京景山学校的周群老师和南京十三中的曹勇军老师为代表。他们还发起组织了4届全国青少年科普科幻教育大会，并在全国推广科幻阅读。

第二，要在各级学校深入开展科幻教育。目前全国有20多所高校、近百所中小学开设了科幻课程，开展科幻教育。其中，江苏省语文特级教师曹勇军老师从2017年开始推广科幻阅读，开展中学科幻教育，已经总结出了“五个一”科幻教育法，即开设一门科幻校本课程，培训一支开展科幻教育的师资队伍，成立一个学生科幻社团，每学期开展一次高品质的科幻活动，每年编一期学生科幻杂志。目前南京十三中科幻教育已经在全国拥有较好的影响力，出版了一本科幻教材，编辑了4期学生的科幻杂志。《流浪地球2》剧组也因为他们的影响在2023年2月走进了他们校园，与学生面对面交流。

第三，科幻教育一定要跨界合作。科幻教育在中小学不能局限于语文学科，一定要跨学科合作，这样才能真正凸显科幻教育全学科特点。一是要将科幻作为教学资源和媒介，应用于科学类课程，设置跨学科选修融合选修课。科幻是一个非常好的“药引子”和催化剂，可以将平时对科普和科学教育不关心的青少年吸引到科学教育上来，激发青少年的科学兴趣。比如中国人民大学附属中学开设的《科幻物理学》课程就是非常好的利用科幻做科普和科学教育的案例。二是可以将科幻教育与 STEM 教育、人工智能教育、创客教育融合。从而激发学生的想象力，同时培养学生的批判性思维和实践能力。三是可以开设多元科幻课程。不限于科幻文学，还可以有针对性地开设科幻影视赏析、科幻与创意写作、科幻与剧本杀课程，多元提升科幻教育的覆盖面。在这一方面，重庆移通学院的钓鱼城科幻学院已经有了非常好的实践。他们通过将科幻融入大学生通识教育，不仅提升了学生的科学素养还全面提升了他们的文化艺术素养。

第四，科幻作为科学教育的“药引子”引入之后，科普必须紧紧跟上。科幻相比科普更容易让青少年喜爱和关注，所以一部好的科幻小说或者科幻电影就是非常好的科普引爆点。因此，《三体》获得雨果奖之后，南方科技大学科学家李淼教授推出了《三体中的物理学》，因为普通的物理学知识过于枯燥，而结合大火的科幻小说来进行物理知识科普就相对容易得多。在这方面国外也有很多生动的例子，如担任了科幻电影《星际穿越》科学顾问的诺贝尔物理学奖获得者基普·索恩就创作了《〈星际穿越〉中的科学》来普及物理学知识。而国产科幻电影《流浪地球》大火之后，中科院计算机所研究员王元卓创作了《科幻电影中的科学》，用手绘图画的形式为大家普及了众多空间科学知识。而在2023年春节《流浪地球2》上映之后，科学大院、果壳、风云之声等众多“科普大V”也借着《流浪地球2》的电影热度，普及了像太空电梯、太阳氦闪、气候危机、行星发动机、核聚变、数字生命、人工智能、量子计算机等平时我们都不会关注的科学知识。这些蹭科幻电影热度的科普推送点击率一般都要比平时的科普点击率高很多。

其实，2020年江苏卫视推出的一档科普节目《从地球出发》已经进行过这方面的尝试。因此，科学教育要做得深入，就要学会“借东风”，即在科幻引入之后，及时进行科普从而普及科学知识、弘扬科学精神和科学思想、提倡科学方法。

最后，还要继续鼓励推广科幻影视创作。2020年，国家电影局出台了《科幻十条》，有力地推动了国产科幻影视制作，《刺杀小说家》《独行月球》《流浪地球2》《三体1》等一系列有影响的国产科幻影视作品纷至沓来。这些国产科幻影视作品的推出也对营造良好的科学教育氛围，推动科学传播、提升公民科学素养做出了重要的贡献。因此，后续，社会还应在政策出台、资本运营、特效技术发展、人才培养等多方面给予科幻电影支持，特别要对根植当代中国创新创造，把握科技前沿、传播科学思想、弘扬科学家精神，推动科学精神和人文精神融合的优秀中国科幻电影给予全方位支持。

科幻作为科学教育加法最好的催化剂，既可以将科学教育在青少年中广泛推广，又可以将科学教育深入根本，在激发青少年好奇心和想象力的同时，培育更多因为喜爱科幻而献身科学研究的青少年。假以时日，他们将用自己的双手促进中国的科技发展，让中国科幻与中国科技在未来同成长，共进步！

后记

2014年，我曾邀请时任北京师范大学教授的吴岩老师来南京工业大学做过一次科幻讲座。他在讲座上讲解的科幻与科学的关系深深地启发了我。之后，我也在这方面做了深入的思考，2017年，我带着前期的思考，应南京市科协的邀请，在《科协大讲堂》上做了一场《科幻与科学》的报告会，讲解了科幻与科学之间的联系。2019年，我应科普时报社社长尹传红老师的邀请,在《科普时报》开设了“幻启经典”栏目。在这个栏目中，我基于科幻与科学的关系，写了一系列有关科幻与大国重器之间联系的文章，并在此基础上，将从这些文章中找到的共同点和我的一些思考总结成一篇名为《科幻如何推动科学发展》的文章,发表在了2021年4月16日的《科普时报》上。

这些文章有幸被《新世纪智能》杂志主编李舒看到，她督促我继续写下去，争取结集成书。后来，在江苏省科普作协的支持下，我又申请到了江苏科普创作出版扶持计划资助，就又补充了一些文章。到了2023年，国家提出“在教育‘双减’中做好科学教育加法”，我感觉这与我的文章非常契合，因为我的这些文章从细节上讲述了如何用科幻做好科学教育的加法,并试图激发青少年的好奇心、想象力和探究欲。并且,这些内容对做青少年科学教育工作的一线老师来说，也非常具有启示意义，于是，我创作起来信心倍增。

不过，说起来简单做起来难。这本书从2020年立项到2023年出版，前后一共花了三年的时间。在此，非常感谢编辑李舒、张琰、宋姣姣的辛勤付出，没有她们，就没有这本书。此外，还要感谢喻京川老师创作的科幻插画，它们为本书增色很多。当然，还要感谢吴岩老师，没有他的启发，就没有今天这本书的结构呈现；特别感谢他在百忙之中为本书所做的序言，他对内容的高度评价让我非常汗颜，也让我对本书的内容有了更深刻的反思。还要感谢尹传红老师，没有他的邀约,我便没有坚持写作的动力。另外,感谢王晋康老师、韩松老师、陈楸帆老师、萧星寒老师、王侃瑜老师的热情推荐。最后，要感谢一位国外科幻作家，罗伯特·索耶。我和索耶先生仅有两次打交道的缘分，第一次是2007年，我与他一起参加成都国际科幻奇幻大会，在会上有幸与他合影留念；第二次是2017年,我们共同参加在成都举办的中国科幻大会。这本书初见雏形之时，我抱着试试看的心情给他写了封邮件，同时，也把照片发给了他，没想到他热情地回了信，并为这本书撰写了推荐语。这让我特别感动，也让我再次感受到科幻作家的热情。我也向索耶先生许诺，将在2023年10月份的成都世界科幻大会上向他正式赠书，感谢他的热情推荐。

最后，谨以此书感谢那些科幻迷和科幻作家们，是你们的热情给了我写作的动力！

付昌义

2023年9月28日于南京工业大学